Magie im HEXEN GARTEN

Minerva Winter

Magie im HEXEN GARTEN

Altes Gartenwissen, Beetpläne, Rituale und Zauberpflanzenporträts

EXTRA

großes Poster für deine magischen Pflanzen

EMF

EIN BUCH DER
EDITION MICHAEL FISCHER

Inhaltsverzeichnis

Element Erde 117

Element Luft 141

Das Zentrum 165

Vorwort

Unscheinbar wirkt er, der Zaubergarten, aber wenn du hinter den Zaun trittst und achtsam bist, zur Ruhe kommst, dann kannst du es fühlen: den Zauber der Pflanzen und die Kraft der Magie und der Liebe, die dort wächst. Wenn du dich auf den Hexengarten einlässt, dann entsteht ein heiliger Raum, ein Bereich, der dir Kraft gibt, dich magisch unterstützt und in dem du mit der Natur in Kontakt treten kannst.

Am Morgen, wenn die Sonne aufgeht, wandere ich durch meinen Garten, begrüße neue Pflanzenkinder und schaue gespannt, was da aus den grünen Blättchen einmal werden will. Wenn ich gegen Mittag den Garten betrete, dann wallt mir der Duft des Baldrians schon entgegen. Überall hat er sich ausgebreitet. Baldurs Sonnensegen. Und die wundervolle Kamille, das Kraut Freyas, wächst ganz frech rund um meinen Altar in der Mitte des Zaubergartens. In den Vollmondnächten, wenn die Mondin klar am Himmel steht, sehen die Blüten des Holunderbaumes und des Mädesüß besonders magisch aus. Sie leuchten regelrecht. Wenn sie dann anfangen, ihre Köpfe zu neigen, ganz sachte der Stängel sich hin- und herwiegt, könnte man meinen, eine Elfe steht da, um mit ihnen zu tanzen. Wenn du genau hinsiehst, erkennst du nicht nur die kleinen Wesen, die da brummen und summen, um sich an den Blüten des Beinwells oder Lavendels zu laben. Nein, wenn du deine Sinne weitest, kannst du hinter die Welten schauen und erblickst die Naturgeister, die den Hexengarten beseelen. Das macht ihn so besonders. Im Hexengarten darf jede Pflanze dort wachsen, wo sie es will, jedes Beikraut hat seinen Platz, es sei denn, es wird bedrohlich für ein anderes Pflanzenwesen. Du kannst das Konstrukt vorgeben, aber das letzte Wort haben die Pflanzengeister.

Zu den heimischen Schamanenpflanzen gehören schon seit der Steinzeit auch die Giftkräuter wie der Fingerhut, die Tollkirsche oder auch der Eisenhut. Sie symbolisieren die Schatten, die dunkle Seite, mit der sich jede Hexe beschäftigen muss und sollte. Ohne diese alten, teils giftigen Hexenpflanzen wie Tollkirsche, Bilsenkraut oder Stechapfel wäre es nur ein normaler Kräutergarten. Aber der Hexengarten ist mehr als das, er verbindet Sichtbares mit Unsichtbarem, Licht und Schatten und das Weltliche mit dem Spirituellen. Genau wie du selbst wächst und verändert er sich ständig, er spiegelt dich wider. Ein Hexengarten blüht mit den Jahren auf und wirkt umso verwunschener und kraftvoller, je mehr du den Zauber zulässt. So wird der Zaubergarten ein Kraftort und ein Ruhepol, Quelle und Verkörperung deiner Magie.

Meine Intention ist es, dass du dieses Buch immer wieder zur Hand nimmst, um es als Nachschlagewerk und Inspirationsquelle zu nutzen. Ich hoffe, dass ich dir neue Anregungen und Wege eröffnen kann, um dein magisches Wissen über die Pflanzen und ihre Seele zu vertiefen. Möge dich dieses Buch auf deinem magischen Weg begleiten und dich inspirieren, deinen eigenen schamanischen Garten zu erschaffen und deine persönliche Verbindung zu den Kräutern und Pflanzen zu finden.

Minerva

„Zwar – man spricht von einer Waldfrau,
Irgendwo, – im blauen Grunde,
Einer Heidin; sondrer Dinge
Hat sie sonderbare Kunde.
Wohlvertraut mit allen Rätseln
Aller Kräuter und Gewächse,
Weiß sie Heiltrank zu bereiten
Und man nennt sie – eine Hexe."

FRIEDRICH WILHELM WEBER,
DREIZEHNLINDEN

DIE HEXE IM GARTEN

Grundlagen der Grünen Magie

Magie – was ist das eigentlich?

Über Magie und darüber, was es bedeutet, eine Hexe zu sein, ließen sich ganze Bücher füllen. Letztlich muss aber jede Hexe selbst erkunden und erfahren, wie Magie in und durch einen selbst wirkt und welche Bedeutung die Magie und deren Praxis im eigenen Leben hat. An dieser Stelle kann ich nur einen kleinen Einblick in die Grundlagen der Magie, die Geschichte der Hexerei und auch in meinen eigenen Werdegang als Hexe geben.

Wie funktioniert Magie?

Das Wort „Magie" geht über griechisch-lateinisch *magia* und altgriechisch μαγεία (mageía) auf μάγος (mágos) „Weiser; weise" zurück. Linguistisch liegt ihm die indogermanische Wurzel *magh-* mit der Bedeutung „können, vermögen, helfen" zugrunde, zu deren Wortfamilie auch „(ver)mögen" und „Macht" gehören. Magie geht von der Vorstellung aus, dass alles im Kosmos von einer transzendenten Kraft durchdrungen ist und wir durch bestimmte Handlungen, wie Zaubersprüche oder Rituale, auf diese kosmische Kraft Einfluss nehmen können. Diese durch den Zauber entstandene Energie wird „Magie" genannt.

Für uns Hexen bedeutet Magie die Beeinflussung der Wirklichkeit mithilfe unseres Willens. Ein Großteil der bekannten Techniken, mit Magie zu arbeiten, beruht auf starker Willenskraft unter Zuhilfenahme eines Zaubers. Durch die Zauberhandlung wird die Intention, also das Ziel unserer Magie, in eine Aktion übertragen und so in die Wirklichkeit gesendet. Aber nicht wildes Zauberstabgefuchtel oder komplizierte Rituale bringen den gewünschten Erfolg, sondern geistige Klarheit und die konkrete Vorstellung, wie sich die Magie auswirken soll.

Dem Begriff liegen bestimmte mythologische Vorstellungen zugrunde, und er ist oft in ein größeres religiöses System eingebunden. Im skandinavischen Raum der Wikingerzeit war das „seiðr" (Zauber/Magie, oft auch böswilliger Natur) beispielsweise an den Kult der Göttin Freyja geknüpft und wurde vorwiegend von Frauen ausgeübt. Seit der Renaissance gilt der zauberkräftige Wille als zentraler Aspekt der Magie. Dieser stellt die Fokussierung des Geistes auf ein bestimmtes Ziel dar. Die Energie soll dabei in Form eines Rituals oder Zauberspruches kanalisiert werden. Bereiche, in denen moderne Magie oder magisches Denken Einzug gehalten haben, sind beispielsweise das Neuro-Linguistische Programmieren (NLP) und positives Denken, Affirmationen, bestimmte psychotherapeutische Praktiken, Neoschamanismus, Channeling oder Divinationen.

Tipp

Ein wichtiger Grundsatz der Magie lautet: „Wisse, Wage, Wolle, Schweige": Erkundige dich, bevor du einen Zauber wirkst. Sei mutig, während du ihn wirkst. Sei dir sicher, wie er wirken soll. Und schweige, nachdem du ihn gewirkt hast. Nur so kann der Zauber gelingen.

Weiße und schwarze Magie

Bis etwa in das 13. Jahrhundert hinein wurden die Bereiche weiße und schwarze Magie nicht getrennt, da Magie gleichzusetzen war mit dem alten heidnischen Zaubern und dabei handelte es sich nach allgemeiner Auffassung um dämonische Kräfte. Man glaubte, dass schwarze Magie mit der Beschwörung böser Geister gewirkt wurde, deren Fähigkeiten durch magische Rituale zum Schaden eines Menschen nutzbar gemacht werden sollten.

Heute lässt sich generell sagen, dass es eine solche Einteilung in schwarze und weiße Magie nicht gibt. Magie ist nicht grundsätzlich gut oder böse. Stattdessen ist die Absicht des Zaubers ausschlaggebend. Zur Veranschaulichung lässt sich Magie mit einem Messer vergleichen: In der Hand eines kundigen Chirurgen rettet es Leben, in der Hand eines Mörders tötet es. Wichtig ist bei der Ausübung magischer Praktiken also, sich seiner Verantwortung und der Konsequenzen, die daraus entstehen könnten, sehr gut bewusst zu sein.

Magie hat in der Moderne viel mit einer positiven Einstellung und Denkweise zu tun. Die sogenannte weiße Magie dient dazu, Positives auszusenden, vor Übel zu schützen oder Heilungszauber zu wirken. Jeglicher Zauber, der darauf abzielt, anderen Lebewesen zu schaden oder diese ungefragt zu beeinflussen versucht, kann dagegen als schwarze Magie gesehen werden. Das gilt übrigens auch für den gern angewendeten Liebeszauber, denn dieser beeinflusst einen anderen Menschen, oft ohne dessen Wissen oder gegen dessen Willen. Stattdessen ist es ethischer, Zauber zu wirken, die allgemein darauf abzielen, Liebe und Harmonie im eigenen Umfeld zu verstärken und anzuziehen.

Hexen in der Moderne

Was bedeutet es, eine moderne Hexe zu sein und wie wird man zur Hexe? Immer wieder werde ich mit dieser Frage konfrontiert. Die Antwort ist im Prinzip immer dieselbe: Moderne Hexerei ist ein intensiver religiös-spiritueller Weg und gleichzeitig eine Lebenseinstellung, so individuell wie die Menschen, die diesen Weg gehen. Der moderne Hexenkult bietet die Möglichkeit der individuellen Entwicklung, da er fast ohne Dogmen auskommt. Dennoch ist das Gebot „schade niemandem, auch dir selbst nicht" ein wichtiger Bestandteil des Hexenglaubens. Hexe zu sein und so zu leben, ist Berufung und kein Hobby, welches man hervorholt, wenn man möchte. Hexe ist man oder nicht.

Der Hexenkult ist eine Ur-Religion, basierend auf dem europäischen Schamanismus, der bereits vor der Christianisierung praktiziert wurde. Der Naturreligion ist das Leben an sich heilig und alle Menschen, Tiere und Pflanzen sind gleichermaßen zu ehren und zu achten. Noch immer studiert eine Hexe die Grundlagen der Elemente, die Naturzyklen und das Brauchtum, um mit der Natur und ihren Geistern in Kontakt zu treten.

Moderne Hexen glauben, dass die göttliche Energie in allem enthalten ist, offenkundig oder nicht. Es ist diese Mischung aus weiblicher und männlicher Energie (personifiziert durch Gott und Göttin), die das natürliche Ganze kreiert. Sie fühlen sich als Teil der Energie und versuchen in diesem Gleichgewicht zu leben. Sie glauben auch daran, dass man die allgegenwärtige Energie in Form von Zaubern nutzen kann, um etwas zu erreichen. Auch alle Göttinnen und Götter sind Teil dieser Energie. Das ist ein Grund, warum Hexen in der Regel sehr tolerant sind und Verständnis für alle anderen Kulturen und Religionen haben.

Sich moderne Hexe zu nennen, bedeutet gleichsam, eine Verantwortung für alles, was man tut, zu übernehmen. Unsere Dankbarkeit gegenüber den Göttern und den natürlichen Energien zeigen wir, indem wir acht Jahreskreisfeste begehen und dabei die Natur und die alten Götter ehren.

Mein Weg zur Hexe

Schon als Jugendliche interessierte ich mich für Ethnologie, Religionen und Archäologie. In den 1980er-Jahren beschäftigte ich mich mit den Traditionen und der Religion der europäischen Stämme, insbesondere den nordisch-germanischen und keltischen Seherinnen und stellte fest, dass ich mich diesen sehr nahe fühlte. In den 1990er-Jahren fiel mir das Buch *Der Hexenkult als Ur-Religion der Großen Göttin* von der Autorin Starhawk in die Hände. Ich versuchte, danach mehr über die alten und neuen Hexen zu erfahren und stieß dabei auf einen traditionellen Hexen-(Wicca)-Zirkel, dem ich beitrat, um weiterzulernen, dem ich aber heute nicht mehr angehöre.

1998 gründete ich meine erste Homepage „Hexenwissen" und einen kleinen Onlineshop. Damals begann ich mit dem Verkauf von Runen, schamanischer Kunst sowie Kräuterartikeln und schrieb kleine Abhandlungen dazu. Die Hexenkunst in ihren vielen Facetten sowie die alten Geschichten und Überlieferungen greife ich gern für mein kreatives magisches Handwerk auf. Kräuterkunde und die Grüne Magie spielten dabei schon früh eine große Rolle für mich.

Im Jahr 2000 reifte der Gedanke, einen Hexenladen zu eröffnen, den mein Mann und ich drei Jahre später realisierten. Momentan lebe und arbeite ich am Rande des Ruhrgebietes und betreibe dort meinen Hexenladen.

Ich lebe meine Berufung und sie nimmt viel Raum in meinem Leben ein. Ich bin Hexe – beruflich wie auch privat, immer und überall.

Grüne Magie – der magische Umgang mit der Natur

Die Begriffe „Naturmagie“ oder auch „Grüne Magie“ bezeichnen eine magische Praxis, die sich insbesondere dem Leben und Handeln im Einklang mit der Natur und den Pflanzen verschrieben hat. Für viele Hexen bedeutet das beispielsweise die Ausübung von überliefertem Brauchtum für damit verbundene Zauberpraktiken oder sich mit den Zyklen der Natur und der Heil- und Zauberkraft heimischer Pflanzen auseinanderzusetzen.

Die heilige Mutter Erde

Für alle alten Kulturen und Religionen und auch aus Sicht der modernen Hexen, Schamanen und der noch heute lebenden Naturvölker war und ist unser Planet nicht einfach eine neutrale Größe, sondern beseelt. Die Erde wird als Göttin, als Urmutter allen Lebens verehrt und hat als solche viele Namen: Gaia, Jörd, Patchamama, Mutter Erde. Der Begriff „Mutter Erde“ umfasst dabei nicht nur den Erdboden, sondern ebenso Gewässer, alle Lebewesen, die Luft und alle bekannten Naturphänomene inklusive der ihnen innewohnenden Geistwesen und Götter. Für viele Schamanen ist die Erde weiblich beseelt: Steine und Felsen sind ihr Leib. Wurzeln ihre Knochen, Bäume ihre Adern und Gräser und Kräuter ihr Haar.

Der Christianisierung zum Trotz blieb ein Teil dieses Gedankens der Beseeltheit der Erde bestehen. Wir finden ihn noch immer in Bräuchen wie etwa in Form der traditionellen Beschwichtigungsformeln und Dankgebete bei der Ernte von Heilkräutern oder dem Brauch, sich mit Erde die Hände von Sünden zu reinigen, der sich in der Volksreligion Russlands zum Teil bis heute erhalten hat.

Im Glaubensmuster vieler moderner Hexen kehren diese zu ihren Ursprüngen zurück. Sie sehen den Menschen als ein Teil des ewigen Zyklus der Natur und der großen Beseeltheit von Mutter Erde an. Die unendlich wiederkehrende Wandelbarkeit von Mutter Erde und allen Lebens wird von der Dreifaltigen Göttin verkörpert. Diese Gottheit, die sich im Gewand der jungen Frau, der nährenden Mutter und der Alten Weisen zeigt, wird auch im eigenen Garten greif- und erlebbar: Am Jahresanfang begegnen wir der Göttin in einem jungfräulichen Weiß. Dann erwacht sie aus ihrem Winterschlaf und mit den ersten warmen und sonnigen Tagen kehrt das Leben zurück. Erst noch zaghaft in jungem Grün, blüht die Gottheit in prachtvoller Schönheit und Frische auf und begegnet uns im Hochsommer in ihrer gesamten Üppigkeit von Farben und Düften. Da erleben wir ihren mütterlichen und fruchttragenden Aspekt.

Mit zunehmend dunkler und kürzer werdenden Tagen vergeht die Fruchtbarkeit der Göttin und so wird uns im kalten Winter der dunkle Aspekt der Göttin offenbart. Weise und wissend zieht sie uns in den kalten Nächten in das Reich der Schatten, schenkt uns aber auch Ruhe und Stille, Rückzug und Geborgenheit. So überdauert sie den Winter, bis sie im Frühjahr verjüngt zurückkehrt und das Rad sich von Neuem zu drehen beginnt.

Die Hexe – Vermittlerin zwischen den Welten

Wenn wir heute mit dem Auto oder dem Zug durch die Landschaft unserer Heimat fahren, denken wir wohl kaum daran, dass diese Hügel und Täler vor 7000 Jahren von unendlichen Wäldern bedeckt waren. Mittendrin lagen damals, weit verstreut, die menschlichen Siedlungen. Diese kleinen Höfe waren umgeben von Ackerflächen und umzäunten Gärten – kultiviertem Land, das man der Erde mühsam durch harte Arbeit abgerungen hatte. Das Land teilt sich damit in zwei Bereiche: den bezwungenen und kultivierten Raum einerseits und den ursprünglichen, wilden Raum anderseits. Die Trennlinie zwischen diesen beiden Welten bildet der Zaun, die Hecke, der „Hag". Den Pflanzen, die in diesem Zwischenraum, auf der Grenze zwischen Kultur und Wildnis wuchsen, wurden besonders magische Eigenschaften zugeschrieben. Die Hexe, althochdeutsch *hagazussa*, ist die „Zaunreiterin", die diese Grenzregion betreten kann und die Anderswelt mit dem Diesseits zu verbinden weiß.

Übrigens sei darauf hingewiesen, dass Hexen keinesfalls ausschließlich weiblich sein müssen. Der Begriff umfasst heute Menschen jeden Geschlechts und die Informationen in diesem Buch wenden sich natürlich an alle interessierten Leser*innen. Historisch gesehen lag die Zauber- und Kräuterkunde jedoch vorwiegend in den Händen der Frauen.

Die Geschichte der Kräuterhexe

Bereits vor Jahrtausenden wurden Frauen als Heilerinnen und sogenannte Wurzelkundige verehrt. Mit „Wurzel" war allerdings nicht nur der unterirdische Pflanzenteil gemeint, sondern eher der „Pflanzengeist", also die Heilungskraft einer Pflanze. Der oder die Wurzelkundige ist nicht nur jemand, der die Pflanzen und ihre Heilkraft kennt, sondern auch Seher oder Schamanin, der oder die den Geist einer Pflanze erfühlt und ihre Stimme mit allen Sinnen in sich aufnimmt. So sind die Anfänge der „Kräuterhexe" in jenen Zeiten zu finden, als es noch selbstverständlich war, den Geist einer Pflanze zu befragen, um seine Heilkraft zu erbitten, lange bevor die Medizin von deren heilkräftigen Inhaltstoffen wusste.

Einst war es die Hagazussa, die wurzelkundige Frau, heute als Hexe bekannt, die zwischen kultiviertem Land und wildem Wald umherwanderte. Sie kannte beides – die alltägliche Welt des Dorfes und die Welt der Geister und war imstande, in die Welten zu blicken und die Heilwirkung und die Seele der Pflanze miteinander zu verbinden.

Die nordischen Seidkona brauten heilkräftige Gebräue und standen unter der Herrschaft der Göttin Freya. Die geachteten Heilerinnen und Seherinnen waren die Völvas, Walpurgas, Valas oder Veledas.

Zauber- und Heilkundige waren auch die sogenannten Lachsnerinnen. Lachsen heißt zaubern oder heilen. Diese Frauen sangen Zauberlieder, berührten die Stellen, wo das Übel saß, besprachen Wunden und Warzen und trugen Kräuter auf. Diese Ur-Ahninnen der heutigen Kräuterhexen waren mit den Heilkräutern ihrer unmittelbaren Umgebung bestens vertraut, kannten die Standorte und wussten, wann und wie diese gepflückt werden mussten, damit sie ihre magische und heilende Wirkung am besten entfalten konnten.

Kräuterkunde und Magie war nicht ausschließlich Frauen vorbehalten, doch man kann sagen, dass Frauen ein vermehrtes Interesse an dieser Art der Heilkunde hatten. War doch insbesondere die geburtsbegleitende Heilkunst und die Frauenheilkunde etwas Überlebensnotwendiges. Die beruhigende Wirkung des Hopfens war diesen Kräuterweibern ebenso vertraut wie die stimmungsaufhellenden Wirkstoffe des Johanniskrautes oder die entzündungshemmenden und schmerzlindernden Eigenschaften der Weidenrinde. Sie kannten die abtreibende Wirkung der Petersilie, die wehenfördernde von Beifuß und die fiebersenkende des Holunders und vermochten sie zur rechten Zeit einzusetzen. Das traditionell überlieferte Heilpflanzenwissen wurde mündlich in Märchen, Wiegenliedern und Reimen weitergegeben, die Arbeit mit Kräutern direkt beim Sammeln und Zubereiten gelehrt. Ebenso wichtig für ihr Verständnis der Heilung und Anwendung war das Wissen um die Zusammenhänge der elementaren Kräfte, über die Götter und Geister. Viele Heilkräuter wurden nicht nur als Medizin eingenommen, sondern auch als Talisman am Körper getragen, als Räucherpflanze verwendet oder einer kranken Person übers Bett gehängt. Kräuter hatten also nicht nur eine innere Wirkweise, sondern auch eine äußere, eine magische.

Obwohl der Anbau von Nutz- und Heilpflanzen nach der Christianisierung in den Klöstern weit verbreitet war, vermochten die Mönche und Nonnen nicht mit der Kunst der Wurzelfrauen zu konkurrieren. Besonders die Betreuung von Schwangeren lag weiterhin traditionell in den Händen dieser heilkundigen Frauen. Ihre Kenntnis um den weiblichen Körper, Verhütung und Sexualität zogen den Zorn des Klerus auf sich. Der Christianisierungseifer, und damit die Entmachtung alles Heidnischen, hatte auch den Verlust des alten Pflanzen- und Kräuterwissens zur Folge. So war zu Beginn des Mittelalters vom Wissensschatz der weisen Frauen und Heilerinnen nur noch wenig geblieben. Neue Impulse brachte Hildegard von Bingen, die ihre religiös-moralischen Betrachtungen mit heilkundlichen Anweisungen verknüpfte. Sie fragte die verbleibenden Kräuterweiber, wann und wie diese die Kräuter einsetzten und deutete die alten Rituale und das traditionelle Kräuterwissen christlich um. Damit trug sie maßgeblich dazu bei, dass die Fülle der einheimischen Pflanzenkunde nicht in Vergessenheit geriet.

Ab dem 16. Jahrhundert wandte sich die Medizin zunehmend der pharmazeutischen Chemie und deren synthetisch hergestellten Wirkstoffen zu. Das alte Kräuterheilwissen wurde aber von denen weiter gebraucht, die nicht die nötigen Mittel für die neue Medizin hatten. So lebten die Heilkräuterrezepte in den ländlichen und bäuerlichen Gebieten weiter. Im Laufe des 19. und 20. Jahrhunderts begann die moderne Medizin, die natürlichen Heilmethoden und die Wirkungsweise der Heilpflanzen „wiederzuentdecken". Pflanzen wurden nun in ihre chemischen Bestandteile aufgeschlüsselt und einzelne Wirkstoffe extrahiert. Die ganzheitliche Betrachtung der Pflanze und die Magie dahinter blieb aber weiterhin den Kräuterheiler*innen, Spötenkieker*innen, Lachsner*innen oder Hexen überlassen.

So wie das Wissen um die Heilwirkung der Pflanzen in die Volksheilkunde überging, meist in Form von weitergereichten Familienrezepten, so lebte das Wissen um die Magie der Pflanzen und deren Zauber in mündlicher Überlieferung bis heute weiter. Und wer in der Gegenwart „Kräuterhexe" als Suchbegriff im Internet eingibt, der findet eine Reihe an mittlerweile etablierten Berufen wie Kräuterhexe, Kräuterpädagog*in oder Kräuterfachfrau. Diese heutigen Zaunreiter*innen verbinden das moderne Wissen über die Inhaltsstoffe der Pflanzen und deren Wirkungsweisen mit den alten Geschichten, Brauchtümern, magischen Ritualen und Pflanzenzaubern.

Pflanzenmagie

Was damals und heute „Kräutermagie" genannt wurde, wurzelte oft in einem tiefen Wissen um die Eigenschaften von Pflanzen, deren heilende und magische Anwendungen und dem Kontakt mit den sogenannten „Pflanzengeistern". Heilpflanzen wurden zu bestimmten Tagen und Mondphasen geerntet und angewendet, um ihre magische Wirkung voll entfalten zu können. Ihre physischen Inhaltsstoffe wurden benutzt für die Heilung des Körpers und die ihnen innewohnende Magie für die Gesundung der Seele. Auch besaß jede Pflanze ihren eigenen Zauberspruch, mit dem sie angerufen, angesprochen oder angesungen wurde. Leider sind diese heidnischen Anrufungen zum großen Teil verloren gegangen oder wurden später durch christliche Gebete ersetzt. Wir haben aber ganz intuitiv die Möglichkeit, neue Zauber und Anrufungen für die Pflanzengeister zu erschaffen, wir müssen ihnen nur zuhören. Die Arbeit mit althergebrachten Zauberpflanzen ist immer geprägt von Intuition und Einfühlsamkeit – scheue dich daher nie, dich selbst zu fragen: Welche Bedeutung hat die Pflanze für mich persönlich? Wie möchte ich sie einsetzen? Was verbinde ich mit ihr?

Das Wissen um die magischen Eigenschaften der Pflanzen, von denen ich in diesem Buch schreibe, fußt stark auf der heidnischen, naturreligiösen Sichtweise unserer Ahnen. Zusätzlich gebe ich dir viele von meinen ganz persönlichen Erfahrungen mit heimischen Zauberpflanzen mit auf den Weg, die ich im Zuge meiner langjährigen magischen Tätigkeit mit den Pflanzenwesen gemacht habe, und zeige dir, welche Kräuter traditionell zu welchem Zweck und in welcher Form angewendet wurden. Dieses Wissen um die Zauberkraft einer Pflanze lässt sich mithilfe der Projekte, Zauber und Rituale im Buch direkt praktisch anwenden.

Das Hexenjahr

Der Kreislauf des Jahres wird in den acht Jahreskreisfesten zelebriert. Diese orientieren sich an natürlichen und astrologischen Phänomenen und markieren Beginn und Höhepunkt der Jahreszeiten sowie besondere Sonnenstände. Für uns Hexen sind diese Feste Momente des Innehaltens und Erinnerns, der Dankbarkeit, der Gemeinschaft und der Liebe – zu den Menschen, der Natur und zu uns selbst.

Samhain/Allerheiligen

31. Oktober/1. November

Samhain wird am letzten Oktobertag gefeiert. Für viele Hexen markiert das Fest zum Winterbeginn auch den Beginn des neuen Jahres. Es gilt als Fest der Toten, bei dem die Tore zur Anderswelt offen stehen und die Ahnen die Welt der Lebenden besuchen.

Der Name Samhain leitet sich vom irischen „Sam-fuin" ab, was „Sommer-Ende" oder auch „Versammlungstag" bedeuten kann. Bei anderen indogermanischen Völkern war das Fest der Göttin Holla geweiht: Die Göttin der Unterwelt öffnet zu Samhain ihre Pforten, damit die Toten die Lebenden und die Lebenden die Toten besuchen können. Um den Ahnengeistern den Weg zu weisen, höhlte man Rüben aus und stellten sie, mit brennenden Kerzen bestückt, in die Fenster – eine Tradition, die heute noch im Schnitzen von Kürbissen zu Halloween fortlebt.

Samhain ist die Zeit des Innehaltens, des Zurückblickens und des In-die-Zukunft-Sehens. Wir kommunizieren mit unseren Schutzwesen und Ahnen und danken für ihren Beistand und ihr Wohlwollen.

Passende Zauber und Rituale: Ahnenverehrung, Orakel

Yule/Wintersonnenwende

um den 21. Dezember

Die Wintersonnenwende fällt in den Zeitraum zwischen dem 21. und 26. Dezember. Sie kennzeichnet die längste Nacht des Jahres. Nun werden allmählich die Tage wieder länger werden, das Licht kehrt zurück. Dieses Versprechen der Natur wird seit vielen Jahrtausenden mit Sonnenfesten und -ritualen gefeiert.

Die langen Nächte der Mittwinterzeit werden auch als „Mütternächte" bezeichnet. Nun feiern Hexen die Geburt des neuen Gottes aus dem Schoße der Göttin, als Erinnerung an die immerwährende Erneuerung des Lebens. Der ewige Kreislauf von Geburt, Wachstum, Fruchtbarkeit, Verfall, Tod und Wiedergeburt nimmt hier seinen Anfang. Yule ist ein Fest der Geburt und der Mutterschaft, der Erneuerung der Natur und der Sicherheit, dass das Licht wiederkehrt.

Alle Arbeiten ruhen in dieser Zeit. Wir schmücken immergrüne Pflanzen mit Symbolen der Fruchtbarkeit, um den Geist der Erneuerung zu ehren und um den Segen der Naturgeister in die Häuser zu holen.

Passende Zauber und Rituale: Reinigung, Orakel und Weissagungen, Ahnenverehrung, Feuerrituale

Imbolc/Lichtmess

1. Februar

Lichtmess wird Anfang Februar begangen. Imbolc war und ist ein Fest der rituellen Reinigung. Das zeigt auch der lateinische Monatsname Februar: februarius, „zur Reinigung gehörig". In dieser Zeit wurden Häuser und Höfe gereinigt und meist neue Leute angestellt. Rund um Imbolc wird traditionell der Winter verbannt, um das Frühjahr zu begrüßen. Karneval und andere Feiern in dieser Zeit sind ein Überbleibsel dieser heidnischen Rituale des „Winteraustreibens". Zu Lichtmess werden Haus und Hof geräuchert, mit Krach und Getöse wird das Haus gereinigt und so negative und stagnierende Energien, die sich über den Winter angesammelt haben, vertrieben. Der Hexenbesen spielt bei diesen reinigenden Ritualen eine tragende Rolle.

Imbolc ist auch ein Fest, an dem das neue Licht seine Verehrung findet. In der Nacht vom ersten auf den zweiten Februar werden weiß- oder silberfarbene Kerzen an den Fenstern aufgestellt, um die guten Energien des neu erwachten Lichtes in das Haus zu locken.

Die Göttin Birgit steht diesem Fest Pate, sie ist die Patronin der Heilkunst. Traditionell werden in dieser Zeit aus den letzten Winterkräutern Salben, Tees und andere Heilmittel hergestellt und ihr geweiht.

Passende Zauber und Rituale: Winteraustreibung, Loslassen alter Strukturen, Reinigung, Herstellung von Heilmitteln und das Bitten um Gesundheit

Ostara/Frühlings-Tag-und-Nacht-Gleiche

um den 21. März

Das erste Sonnenfest nach der Wintersonnenwende ist das Frühlingsäquinoktium, das bei den Germanen der Göttin des jungen Lichts und Lebens, Ostara, geweiht war. Ostara ist ein Fest des Frühlings und der aufblühenden Fruchtbarkeit. Alles ist im Gleichgewicht, die Tages- und Nachtstunden halten sich die Waage. Ostara, den Christen bekannt als Ostern, feiert die Rückkehr des Lebens. Das Eis und der Schnee sind geschmolzen, die Tiere erwachen aus ihrem Winterschlaf und wir ehren die Rückkehr der Göttin als Jungfrau des Frühlings. Dies ist der beste Zeitpunkt, um Neues zu beginnen und so sicherzustellen, dass die Macht des Winters nun gebrochen ist.

Wir säen die ersten Samen aus und bitten um Segen und Schutz für neue Vorhaben im kommenden Jahr. Hase, Huhn und das Ei sind uralte heidnische Symbole und in unserer Kultur so stark mit dem Frühlingsfest verknüpft, dass selbst die Christianisierung diese Verbindung nicht löschen konnte. Rote Eier, als magisches Zeichen der Fruchtbarkeit, wurden mit Runen bemalt und verschenkt. Quellwasser soll in dieser Nacht besondere magische Eigenschaften besitzen und so gibt es einige Quellrituale, die in dieser Zeit stattfanden.

Passende Zauber und Rituale: Fruchtbarkeit und Wachstum, neue Projekte segnen, Kinderwunsch

Beltane/Walpurgisnacht

30. April/1. Mai

Dieses Fest steht dem Ahnenfest Samhain auf dem Jahresrad genau gegenüber. Beltane ist ein Fruchtbarkeitsfest, aber auch ein Fest zu Ehrung der Ahnen. Der keltische Gott Belenus ist Namensgeber dieses Festes.

Beltane huldigt der Fruchtbarkeit und dem Leben. Zu Beltane wird die Vereinigung gefeiert, nicht nur die körperliche, sondern auch die Verschmelzung auf allen anderen Ebenen. Der Maibaum als phallisches Symbol und der Maikranz als Zeichen der Weiblichkeit wurden rituell vereinigt, um die Verbindung von Gott und Göttin zu besiegeln. Die Festivitäten waren ein beliebter Anlass zum Schließen von Ehen oder zum Anbahnen romantischer Beziehungen. So kam es auch vor, dass Paare sich am Beltanefeuer vereinigten. Die daraus resultierenden Kinder wurden als Kinder der Götter gesehen, denn oft wusste niemand so genau, wer sie gezeugt hatte.

Bei den Mairitualen wurde um fruchtbare Erde, günstiges Wetter und eine gute Ernte gebeten. Als Gegenstück zu Samhain ist auch Beltane eine Zeit, in der die Tore zur Welt der Geister und Ahnen geöffnet sind. Es wird ihrer gedacht und um ihren Schutz und Segen gebeten sowie Weissagungen getätigt. Die Walpurgisnacht ist die ideale Zeit, um Liebeszauber zu wirken und um Liebe oder eine*n Partner*in in sein Leben zu rufen.

Passende Zauber und Rituale: Sexualität, Liebesanziehung, Lebensfreude, Wachstum, Charisma, Fruchtbarkeit, Kraft und Ausdauer

Mittsommer/Sommersonnenwende/Litha

um den 21. Juni

Um den 21. Juni findet die Sommersonnenwende statt. Die Sonne steht nun an ihrem höchsten Punkt und entfaltet ihre stärkste Kraft, bevor bald schon das Licht wieder der Dunkelheit weicht. Die Sonnenwendfeste haben vor allem in den nordischen, slawischen und keltischen Ländern einen festen Platz. Die Sommersonnenwende, der längste Tag des Jahres, war neben dem Julfest auch der Höhepunkt des germanischen Jahres und ein Fest zu Ehren der Sonne. Die Christen übernahmen viele Traditionen des Festtages als „Johannistag", der am 24. Juni mit großen Sonnwendfeuern begangen wird.

Litha, wie der Begründer der Wicca-Bewegung Gerald Gardner es nannte, ist ein Feuerfest. So wurden und werden noch immer auf Hügeln am Strand Sonnwendfeuer angezündet. Es werden Kräuterkränze gebunden und gesegnet und emotionaler und realer Ballast vom letzten Jahr im Feuer verbrannt. Hexen stellen aus der Asche des heiligen Feuers die hochmagische Kräuterasche her.

Da das Fest einen Wendepunkt im Sonnenlauf markiert, ist es der perfekte Zeitpunkt für Veränderungs- und Übergangsrituale. Als sommerliches Licht- und Feuerfest ist es außerdem eine wunderbare Gelegenheit, um Hochzeiten, Freundschaften und allgemein die Freude am Leben zu feiern.

Passende Zauber und Rituale: Wohlstand, Familie, Handfasting (Hochzeit), Namensgebungen, Zusammenhalt, Freundschaft

Lughnasadh/Lammas

1. August

Anfang August wird das Fest des Sonnengottes Lugh gefeiert. Es ist auch bekannt als Schnitterfest oder Brotfest, da jetzt die ersten Getreidefelder abgeerntet werden und die Kräuterweihezeit beginnt. Mutter Erde ist üppig gefüllt und teilt mit uns ihre Gaben. Hier danken wir für die erste Ernte im Jahr und bereiten uns gleichzeitig auf den Herbst und das eigentliche Erntefest vor.

Von den ersten Erntegaben des Jahres werden Kräutersträuße gebunden und Opferbrote gebacken. Diese verzieren wir und bringen sie in nahen Gewässern den Geistern und Göttern dar. Damit wird das Wasser als wichtiger Teil der Ernte und des Lebens geehrt. Wasserzeremonien wie eine rituelle Reinigung oder das Schmücken von Quellen und Gewässern mit Kerzen und Blumenbooten sind überliefert und werden heute von modernen Hexen wieder abgehalten.

Passende Zauber und Rituale: Dankbarkeit, Familie, Segnungen, alle Rituale und Zauber der Grünen Magie

Mabon/Herbst-Tag-und-Nacht-Gleiche

um den 21. September

Genau wie zum Ostarafest sind Tag und Nacht zu Mabon gleich lang. Mit diesem Tag schließt sich der Kreis des Jahresrads. Langsam wird es wieder dunkler und die Haupternte des Jahres wird eingeholt. Erntefeste haben hier eine uralte Tradition und dazu ist vielerlei an Brauchtümern überliefert und teilweise noch lebendig. Es wird der Mutter Erde für ihre Gaben gedankt und Opfergaben werden in Form von Äpfeln, Trauben und Milch oder Honig dargebracht. Man gibt zurück, was man erhalten hat.

Wir ernten nun die Früchte dessen, was wir in diesem Jahr auf den Weg gebracht haben. Alle unsere Erfolge und die Geschenke, die uns das Leben in diesem Jahr gemacht hat, werden gewürdigt und wir danken an diesem Tag für alles Gute, das uns widerfahren ist. Mit dem Einsetzen des Herbstes lassen wir die sonnige Jahreszeit los und bereiten uns geistig wie auch körperlich auf die Dunkelheit vor. Emotionalen Ballast, der sich angesammelt hat, können wir nun hinter uns lassen. Mit dem Ende des Sommers wird auch der gehörnte Gott des Wachstums und der Vegetation „beerdigt", damit er zur Wintersonnenwende wiedergeboren werden kann.

Passende Zauber und Rituale: Alle Erntedankrituale, Loslassen, Verabschiedungen, Opferhandlungen

Magische Gartenpraxis

Der Beginn von neuem Leben aus dem Pflanzensamen ist schon ein magischer Akt an sich. Etwas in der Erde zu kultivieren, es wachsen zu sehen, bedeutet, den Kreislauf des Lebens aus Geburt, Wachsen, Sterben und Wiedergeburt hautnah mitzuerleben.

Gartenmagie bedeutet, sich umfassend mit den Jahreszeiten, den Elementen Erde, Licht und Wärme, Wasser und Wind sowie natürlich mit den Pflanzen selbst zu beschäftigen und dies alles als Teil einer großen spirituellen Seele anzusehen, mit der wir durch das Gärtnern in Verbindung treten können. Die Magie, die wir später aus diesen liebevoll aufgezogenen Pflanzen wirken, ist damit so viel wirkmächtiger und individueller und setzt genau da an, wo wir sie in der Zauberpraxis benötigen.

Es gibt verschiedene Möglichkeiten, sich als Hexe mit seinem Garten zu beschäftigen, die über die bloße Pflanzenpflege hinausgehen. Ein wichtiger Baustein ist das intuitive Zuhören und das Gespür, das man durch eine intensive Beschäftigung mit seinem Gartenraum und den Pflanzen und Tieren, die darin leben, entwickelt. Das aufmerksame Beobachten, wie sich der Garten über den Jahreskreis hinweg verändert und welchen Einfluss äußere Ereignisse wie die Mondphasen, das Wetter und die Jahreszeiten auf die Pflanzen- und Tierwesen haben, kann enorm fruchtbringend für die magische Praxis einer Grünen Hexe sein.

Gärtnern mit dem Mond

In der Zauberpraxis spielt die Mondphase seit jeher eine wichtige Rolle. Viele Hexen vertrauen auf die Energie des Mondes und richten ihre Rituale nach den Mondphasen aus, um die Wirkkraft des Zaubers zusätzlich zu unterstützen. Auch in der Grünen Magie wird die Arbeit mit dem Garten und den Pflanzengeistern maßgeblich vom Mond beeinflusst. Die Orientierung gärtnerischer Tätigkeiten nach dem Mondstand steht dabei im Zeichen des Handelns im Einklang mit der Natur und ihren Zyklen.

Der Mond nimmt Einfluss auf unsere Umwelt und sein Kreislauf gibt auch uns Rhythmus. In seinen Auswirkungen auf die Gezeiten des Meeres zeigt der Mond, welch großen Einfluss er auf die Erde hat. Warum sollte dieser Einfluss nicht auch in unserem Garten spürbar sein? Dem Gärtnern nach dem Mondkalender liegt der Glauben zugrunde, dass der Mond nicht nur die Meere beeinflusst, sondern auch die Säfte in den Pflanzen. So steigt der Pflanzensaft während des zunehmenden Mondes stärker in den oberirdischen Pflanzenteilen an und zieht sich während des abnehmenden Mondes wieder in die Wurzeln zurück. Das Sammeln von oberirdischen Kräutern sollte während des zunehmenden Mondes erfolgen, da die Kräuter zu dieser

Zeit saftiger und somit heilkräftiger sind. Wurzeln hingegen werden während des abnehmenden Mondes ausgegraben, da sich die Energie der Pflanze zu dieser Zeit stärker in den Wurzeln konzentriert.

Doch nicht nur der ideale Erntezeitpunkt wird vom Mond bestimmt, auch alle anderen gärtnerischen Tätigkeiten gehen leichter von der Hand und sind langfristig effektiver, wenn sie in Abhängigkeit von der Mondphase verrichtet werden. So kannst du beispielsweise das Aussäen, die Anpflanzung, wichtige Gartenarbeiten und auch die Ernte nach den Mondphasen einteilen. Dazu gibt es eine einfache Regel: Alle Pflanzen, die du über der Erde ernten möchtest, solltest du bei zunehmendem Mond aussäen oder pflanzen. Pflanzenteile, die du eher unter der Erde ernten möchtest, solltest du bei abnehmendem Mond pflanzen. Bei Vollmond werden bodennahe und kriechende Kräuter gesät. Bei Neumond kann dann der Garten ruhen, um Kraft zu gewinnen.

Die Mondphasen und der Garten

Zunehmender Mond: Der zunehmende Mond beeinflusst hauptsächlich oberirdische Pflanzen, Blüten und ihre Früchte. Diese Phase eignet sich daher für die Behandlung von Blatt-, Frucht- und Blütenpflanzen. Ob du Samen ansäen, Gewächse pflanzen oder deine Kräutlein umsetzen willst: Alle diese Arbeiten solltest du in dieser Mondphase tätigen, denn der zunehmende Mond regt das Wachstum an. Auch das Ernten von Beeren und Blüten ist nun ideal, weil die Pflanzen sich schnell erholen und wieder neue Blüten oder Fruchttriebe bilden. Auch das Vermehren oder Teilen deiner Pflanzen ist jetzt angebracht, weil die Pflanzen besonders wuchsfreudig sind.

Vollmond: Dem Vollmond werden seit jeher magische Kräfte zugeschrieben, und viele Hexen ernten ihre Kräuter während dieser Mondphase, sie sollen dann besonders wirkkräftig sein. Tatsächlich ist das Ernten bei Vollmond aber der langjährigen Verfolgung praktizierender Hexen geschuldet, denn früher war das Ernten magischer Kräuter bei Nacht sicherer als am helllichten Tage. Damit die Kräuter dennoch gefunden und sicher identifiziert werden konnten, ging die Hexe meist beim Licht des Vollmonds sammeln. Auch heute ist das Sammeln von Kräutern in einer milden Vollmondnacht ein ganz besonderes Erlebnis – probiere es einmal aus!

Abnehmender Mond: Nimmt der Mond wieder ab, zieht sich auch die Kraft der Pflanzen in die Erde zurück, wovon hauptsächlich alles, was sich unterirdisch befindet, profitiert. So ist diese Phase eine günstige Zeit für alle Erdarbeiten im Garten, wie das Ausheben neuer Pflanzlöcher und das Anlegen von Beeten. Auch das Düngen und Umpflanzen wird von Pflanzen besser vertragen, wenn der Mond abnimmt. Zudem eignet sich die Zeit gut für das Ernten und Ausgraben von Wurzelpflanzen.

Neumond: Der Beginn des neuen Mondzyklus steht für Regeneration und Neuanfänge. Nun gelingen alle Arbeiten, die die Pflanze in den Originalzustand zurückversetzen und ihr einen frischen Start ermöglichen sollen. Jetzt ist beispielsweise der richtige Zeitpunkt, um kranke oder geschädigte Pflanzen zu behandeln oder zurückzuschneiden. Auch die Schädlingsbekämpfung kann in dieser Phase in Angriff genommen werden.

Das Grimoire – ein Hexenbuch führen

Ein „Grimoire" oder auch „Schattenbuch" ist ein Buch mit magischem Wissen – also ein Zauberbuch. Dieses wird meist individuell von der Hexe gestaltet und befüllt und kann astrologische Regeln, Erfahrungen aus der persönlichen Magiepraxis sowie Anleitungen für Rituale und Zauber beinhalten oder Rezepte zur Herstellung von Räucherwerk, Salben, Tinkturen und allem anderen, was dir wichtig erscheint, sammeln.

Ich empfehle dir, für deinen Hexengarten von Anfang an ein spezielles Gartengrimoire anzulegen und es ganz individuell nach deinen Bedürfnissen und deinem persönlichen Geschmack zu gestalten. Es sollte deine eigenen magischen Erfahrungen rund um die Arbeit mit deinen Pflanzen widerspiegeln. Die folgenden Ideen können dir dabei als Inspiration für dein Grimoire dienen:

- Lege dir ein individuelles Kräuter-Nachschlagewerk an. Zeichne die Pflanze in dein Buch oder klebe eine Fotografie oder eine gepresste und getrocknete Pflanze ein. Sammle Informationen zu traditionellen magischen Anwendungen oder zur Heilwirkung des Krauts. Notiere dir, welche Erfahrungen du persönlich mit dieser Pflanze gemacht hast: Welche Zauber hast du damit gewirkt und wie hast du sie eingesetzt? Vielleicht verbindest du auch eine bestimmte Botschaft mit dieser Pflanze oder einen persönlichen Zauberspruch, ein Gedicht oder eine Melodie.

- Nutze dein Grimoire als Sammlung für Rezepte, heilkräftige Anwendungen, DIY-Ideen, oder um Rituale und Zauber zu planen. So wächst mit der Zeit dein Repertoire an bewährten Zaubern, Heilmittelchen und magischen Leckereien.

- Nutze dein Schattenbuch als magisches Tagebuch: Halte fest, welche Rituale du in deinem Garten durchführst und welche Pflanzen dabei zum Einsatz kommen. Du kannst dir auch notieren, welche Gefühle du erspüren kannst, wenn du in deinem Garten bist, welche Nachrichten dich während deiner Meditationen erreichen oder Orakelbotschaften vom Wasserlesen oder Kartenlegen festhalten.

- Gestalte dein Zauberbuch kreativ: Klebe kleine Fundstücke wie gepresste Blüten oder hübsche Federn aus deinem Garten ein. Zeichne und male deinen grünen Kraftort oder dokumentiere mit Fotos, wie sich dein Garten im Laufe der Jahre verändert.

- Auch die gartenpraktischen Aspekte sollten in deinem Buch nicht zu kurz kommen: Notiere, welche Pflanzen du wann und wo gepflanzt oder gesät hast und welche Gartenarbeiten wie Düngen, Gießen, Zurückschneiden oder Schädlingsbehandlung du durchgeführt hast. Zusätzlich kannst du festhalten, zu welcher Mondphase du eine Arbeit getätigt hast, wann du erste Blüten siehst oder deine Pflanzen geerntet hast. Lege dir für jedes Gartenjahr ein neues Buch an. So kannst du über die Jahre aus deinen gesammelten Erfahrungen mit dem Säen, Pflanzen, Düngen und Ernten lernen und genau nachvollziehenden, warum gerade diese eine Pflanze gedeiht oder wie du erfolgreich gegen bestimmte Schädlinge im Garten vorgehen kannst. Auch das Wetter solltest du mit eintragen, so kannst du später Vergleiche zwischen einem nassen oder besonders trockenen Jahr ziehen. Zusätzlich eignet sich dein Gartentagebuch hervorragend, um Ideen für zukünftige Gartenprojekte zu notieren.

Mit dem Garten in Kontakt treten

Als Pflanzenschamanismus bezeichnet man eine geistige Kontaktaufnahme mit der Essenz oder der Seele einer Pflanze. Diese kann durch Atemtechniken, Meditation, Trommeln und Chanten und andere Methoden der Geistreise erreicht werden. Aber auch durch einfache Übungen, bewusste Handlungen und das Loslassen des Alltags kannst du beginnen, dich intensiver mit deinem Garten und seinen Pflanzen auseinanderzusetzen.

Mit der Essenz einer Pflanze oder dem Geist deines Gartens in Kontakt zu treten und deren Energie zu erspüren, mag erst einmal fremd und kompliziert erscheinen. Doch für deine magische Praxis und um deinen Garten als Kraft- und Ruheort optimal nutzen zu können, kann es sehr hilfreich sein, dich auf die Schwingungen deiner Pflanzen einzustimmen und dich mit deinem Garten auf mentaler Ebene zu verbinden.

Pflanzenschamanismus ist ein Prozess, eine ständige Auseinandersetzung mit der Natur. Es gibt kein „Patentrezept“ dafür, wie du am besten mit den Pflanzengeistern Kontakt aufnimmst. Stattdessen gibt es unterschiedlichste Arten, um Zugang zu den Pflanzengeistern zu erhalten. Jeder muss für sich selbst herausfinden, was funktioniert und was nicht. Vertraue einfach deinem Bauchgefühl und übe intuitiv. Bleibe hartnäckig und praktiziere regelmäßig. Mein Tipp ist: Um Pflanzenmagie betreiben zu können, sollest du lernen, dich zu öffnen und intuitiv zu arbeiten. Du musst „leer“ sein, wenn du zu den Pflanzen gehst, denn ihr Geist muss dich füllen können.

Zum Einstieg in den Pflanzenschamanismus solltest du dich einfach intensiv mit deinem Garten beschäftigen. Gartenarbeiten wie Ansäen, Umtopfen, Unkraut jäten oder Ernten helfen dir dabei, die Gedanken schweifen zu lassen, den Alltag abzulegen und dich vollkommen auf die Pflanze zu fokussieren. Wühle mit den bloßen Händen in der Erde, gehe in deinem Garten viel barfuß, so kannst du viel leichter mit Mutter Erde in Kontakt treten. Besuche deine Pflanzen regelmäßig, auch wenn keine konkrete Aufgabe im Garten ansteht, sieh immer wieder nach dem Rechten. Vielleicht möchtest du sogar mit den Kräutern sprechen und sie begrüßen, wenn du durch den Garten streifst.

Verbringe möglichst viel Zeit im Garten, egal, wie das Wetter ist. Du wirst erleben, wie die Jahreszeiten kommen und gehen, wie sich dein Garten im Laufe des Jahres verändert, du wirst Tieren begegnen, deine Pflanzen wachsen sehen und du spürst Regen, Schnee und Sonne. Je mehr du diese Naturzyklen verinnerlichst und je besser du deinen Garten kennenlernst, desto einfacher lässt es sich mit den Pflanzen arbeiten und in Kontakt treten.

Wenn du dich eingehend mit den Pflanzen in deinem Hexengarten beschäftigst, wirst du bald feststellen, dass eine kraftvolle Beziehung zu ihnen entsteht. Dein Hexengarten wird dich persönlich spiegeln, weil du dich mit ihm verbindest, indem du ihn anlegst – Pflanze für Pflanze.

Wenn du möchtest, kannst du dich auch mithilfe einer Meditation oder einer schamanischen Geistreise mit einem bestimmten Kraut verbinden und mit seiner Seele in Kontakt treten, um von ihm eine Botschaft zu erhalten. Inspiration für eine solche Reise zu den Pflanzengeistern findest du in der Erdmeditation auf S. 138.

Über magische Rituale

Rituale sind das, was wir regelmäßig nach festen und immer gleichen Abläufen tun. Im Alltag gibt es viele solcher Rituale, vom täglichen Zähneputzen über die abendliche Joggingrunde oder das wöchentliche Telefonat mit geliebten Menschen.

In der Magie führen wir Rituale durch, um uns in regelmäßigen, bewussten Handlungen mit unserem Unterbewusstsein und unseren Wünschen und Hoffnungen auseinanderzusetzen. Manche Hexen nutzen diese Zeit auch, um mit bestimmten Gottheiten, Geistwesen oder einem Kraftort in Kontakt zu treten. Ein Ritual muss dabei keine komplizierte Zeremonie sein. Selbst das tägliche Anzünden einer Kerze kann ein Ritual sein, wenn es eine bewusste, regelmäßig stattfindende Handlung ist. Auch, wenn ein Ritual scheinbar immer dem gleichen Ablauf folgt, kann es sich doch wandeln und den Bedürfnissen angepasst werden. Es ist ein Weg der ständigen Entwicklung, ein immerwährender Kreislauf, so wie die Jahreszeiten.

Für deine magischen Handlungen eignet sich am besten ein Ort, an dem du viel Zeit verbringst und an dem du dich sicher und geborgen fühlst. Mit einem solchen Kraftort fühlst du dich verbunden und seine Schwingungen sind perfekt auf dein Leben abgestimmt. Daher kann dein Hexengarten der ideale Ort für deine Rituale sein, denn hier spürst du die Nähe zu Mutter Erde. Deine Verbundenheit mit der Natur, die vertrauten Abläufe der Jahreszeiten – all das wirkt sich in jedem Fall sehr positiv auf deine magischen Handlungen und rituellen Abläufe aus.

Doch wie kann so ein magisches Ritual aufgebaut sein? Das entscheidet jede Hexe für sich selbst und du wirst feststellen, dass du mit der Zeit einen eigenen „Stil" und deine eigenen Worte für deine Rituale entwickeln wirst und sie dir so zu eigen machst. Häufig gibt es jedoch ein gewisses Grundkonstrukt, das vielen Hexenritualen zugrunde liegt. Ein solches Schema, das du mit deiner eigenen Praxis befüllen und je nach Thema anpassen kannst, möchte ich dir hier vorstellen.

Kerzenfarben und ihre Bedeutung

Farben spielen in der Magiepraxis eine große Rolle, sie verstärken und visualisieren das Thema eines Zaubers. Häufig kommt dabei eine Kerze in der entsprechenden Farbe zum Einsatz. Wähle eine Farbe, die du persönlich mit dem Thema in Verbindung bringst. Als Hilfestellung findest du hier die Bedeutungen, die ich mit den Farben verbinde:

- **Weiß:** Frieden, Wahrheit, Reinheit
- **Rot:** Gesundheit, Energie, Stärke, Mut, sexuelle Potenz, Liebe
- **Lila:** Spiritualität, Glaube, Magie
- **Rosa:** Zuneigung, Romanze, Freundschaft, Ehrlichkeit, Weisheit
- **Gelb:** Intellekt, Gedächtnis, Kreativität, Kraft, Selbstvertrauen
- **Grün:** Fruchtbarkeit, Überfluss, Glück, Wohlstand, Geld
- **Blau:** Inspiration, Heilung, Gesundheit, Schutz, Harmonie
- **Orange:** Antrieb, Tatendrang, Durchsetzungskraft, Karriere, Gesetz
- **Schwarz:** Ahnenarbeit, Schutz, Bannung, Flüche und Fluchaufhebung, Trauer

Folgende Schritte sind wichtig für ein Ritual:

1 Weihe und reinige den Ritualort mit Räucherwerk, geweihtem Wasser und Salz.

2 Bestimme die Himmelsrichtungen und lege die Grenzen deines Schutzkreises fest. Die Größe des Schutzkreises kannst du je nach Platzangebot wählen. Manche Hexen legen einen Kreis aus Kordeln, Steinen oder mithilfe von Salz- oder Kreidelinien. Du kannst aber auch einen imaginären Schutzkreis um dich ziehen. Platziere (Element-)Symbole oder Marker für die Himmelsrichtungen.

3 Eröffne dein Ritual, indem du die Himmelsrichtungen, die Elemente oder Elementarwesen anrufst und ihren Segen und ihre Energien erbittest.

4 Nun kannst du eine Göttin oder einen Gott anrufen und einladen. Erbitte deren Anwesenheit, ihrenSegen und ihre Energie für dein Ritual.

5 Versiegle den Kreis, um dein Ritual vor möglicherweise eindringenden negativen Energien zu schützen. Ich verwende dafür folgende Worte: „Der Kreis ist geschlossen, die Welten verbunden, möge nur Licht und Liebe sein."

6 Segne und reinige deine rituellen Gegenstände (S. 182) mit Salz, Rauch und Wasser.

7 Dieser Teil ist das Herz des Rituals: Wirke Zauber, bringe deine Anliegen und Bitten vor, vollziehe eine Opferung oder ein Dankesritual oder sprich einen Segen über eine Person oder einem Gegenstand aus.

8 Nun kannst du die Gelegenheit in deinem Schutzkreis nutzen, um zu meditieren oder Zwiesprache zu halten mit den Gottheiten, den Elementargeistern, den Pflanzengeistern oder deinem Unterbewusstsein. Auch das Orakeln findet hier seinen Platz.

9 Beende dein Ritual mit einem Dank an die Gottheiten und Elementarwesen, die deinem Ritual beiwohnten und verabschiede sie.

10 Hebe in Gedanken die Versiegelung deines Schutzkreises auf und löse dich aus dem Ritual. Reinige den Ritualort mit Rauch, Salz oder Wasser.

Zauber Garten

EINEN HEXEN-GARTEN ANLEGEN

Ein magischer Raum zum Entfalten – das Planen des Hexengartens

Uniform, vorhersehbar und penibel sauber – das sind Eigenschaften, die eher nicht zu einem Hexengarten passen. Stattdessen sollte er im besten Sinne beseelt und somit energetisch auf unsere Teilhabe vorbereitet sein. Die geeignete Herangehensweise lässt sich vielleicht am besten als „achtsam kooperativ" beschreiben. Bevor man allerdings einen solchen Gartenraum sein Eigen nennen kann, gibt es in der Planungsphase eine Menge praktischer Überlegungen anzustellen:

Wie soll mein Garten aussehen?

Blüten sind Nahrung für die Seele – und als solche im Garten unentbehrlich. Aber willst du ausschließlich die magischen Kräfte der Kräuter nutzen – oder möchtest du auch nahrhafte Gemüse für deinen gesunden Speiseplan ernten? Dann solltest du in deinen Plänen das eine oder andere sonnig gelegene Gemüsebeet oder auch Hochbeet vorsehen. Brauchen die Kinder Platz zum Herumtollen und Spielen? Dann sind Sandkasten, Klettergerüst, Fußballtor oder zumindest eine ausreichend große Wiesenfläche einzuplanen. Hast du vor, Zeit im Garten zur Entspannung zu nutzen, zum Beispiel zum Lesen oder Meditieren? Dann solltest du dir Gedanken über gemütliche Sitz- und Wohlfühlecken an wahlweise schattigen oder sonnigen Plätzen deines Gartens machen. Vielleicht möchtest du deinen Garten auch als Raum für magische Rituale nutzen. Mache dir am besten vor der Anlage deines Gartens eine Liste mit Dingen, die dir persönlich in deinem Garten wichtig sind und befrage auch deine Mitbewohner*innen nach ihren Vorlieben – einschließlich der vierbeinigen.

Neben der Bepflanzung gehören in der Regel Einfriedungen, Wege und Sitz- oder Ruheplätze zu den unverzichtbaren Elementen eines Gartens. Ihre Bedeutung beim Bewirtschaften, aber auch zum Genießen des grünen Wohnzimmers sollte nicht unterschätzt und bei der Planung des Gartens unbedingt berücksichtigt werden. Die Platzierung und Größe von Wegen und Beeten will gut überlegt sein, damit man die wichtigsten Bereiche leicht erreicht und bequem alles erledigen kann, was dort zu tun ist. Die Pfade können dabei sanft geschwungen sein oder geradlinig – wie es zu deinem Geschmack und Gartenstil passt.

WEGGESTALTUNG

Luft- und wasserdurchlässige Beläge für befestigte Wege und Plätze schaffen ein angenehmes Klima. Feiner Kies sieht natürlich aus. Auch Pflaster- oder Klinkersteine sind für kleine Gärten gut geeignet. Dabei ist jeweils ein stabiler Unterbau erforderlich, der den Wasserabfluss gewährleistet.

HECKEN UND ZÄUNE

Wird ein ganzjähriger hoher Sichtschutz benötigt? Vor allem in windexponierten Lagen ist an eine Schutzpflanzung zu denken. Mit überwiegend heimischen Sträuchern lässt sich eine blühende Hecke oder eine abwechslungsreiche Wildhecke bilden, die allerlei Tieren Nahrung und Nistplatz bietet. Hier können blühende Arten wie Spiersträucher, Heckenrosen, Schneeball oder Pfeifenstrauch mit dichten, grünen Arten wie Liguster, Berberitze oder Hartriegel gemischt werden. Als Zaun empfiehlt sich eine schlichte Lattenkonstruktion aus Holz. Zu Hexengarten und -häuschen passen besonders gut Staketen aus handbearbeiteten (Kastanien-)Rundlingen oder Flechtzäune jeglicher Art.

Tipp

Wenn du am Eingang einen Bogen aufstellst und diesen z. B. mit Rosen oder Efeu umranken lässt, bekommen Besucher schon beim Eintreten das Gefühl, einen verwunschenen Garten zu betreten.

Bestandsaufnahme vor dem Wunschkonzert

All die Wunschvorstellungen machen wenig Sinn, wenn sie sich nicht mit deinem Leben und den örtlichen Gegebenheiten in Einklang bringen lassen. Daher sollte ganz am Anfang eine Bestandsaufnahme stehen: Wie viel Zeit kann und will ich für die Pflege meines Gartens aufbringen? Wo und wie liegt der Garten – überwiegend sonnig oder schattig? Mitten in der Stadt oder am Dorfrand, im Weinbauklima oder in einer Mittelgebirgslage? Welche Bodenbeschaffenheit finde ich vor? Ist der Boden sandig und durchlässig oder schwer und neigt zur Staunässe? Die Antworten darauf können sowohl die Pflanzenauswahl als auch die Nutzung deiner Gartenfläche merklich einschränken.

ZEITAUFWAND

Eine wichtige Frage, die du dir bei der Planung des Gartens stellen solltest, ist: Wie knapp ist deine Zeit, in der du dich um den Garten kümmern kannst? Es gibt viele gute Gründe, die körperliche Betätigung an der frischen Luft zu begrüßen. Manche Menschen betrachten die Arbeit mit den Händen in der Erde sogar als meditative Entspannungsübung. Du solltest aber nicht unterschätzen, wie viel Arbeit Beete, Hecken und Rasen machen können und deinen Garten entsprechend planen. Wenn du dir unsicher bist, empfiehlt es sich, zunächst klein anzufangen und den Garten dann jedes Jahr auszugestalten.

Viel Aufwand lässt sich sparen, wenn du dafür sorgst, dass die Erde überall bedeckt ist – am besten mit lebenden Pflanzen. Aber auch Schnittgut und andere organische Reste können eine hilfreiche Mulchdecke bilden. Darunter bleibt die Feuchtigkeit wesentlich länger im Boden, und das erspart dir manche lästige Gießarbeit. Am wichtigsten aber ist, dass du Pflanzen wählst, deren Ansprüche zu deinen Standortbedingungen passen. Dann wachsen sie auch ohne viel Zuwendung.

STANDORT

Klima und Wetter

Die verschiedenen Pflanzenarten sind genetisch jeweils an bestimmte Lebensräume gebunden. In West- und Mitteleuropa herrscht ein gemäßigtes Klima – doch auch hier gibt es große Unterschiede. Die jahreszeitlichen Schwankungen der Niederschläge sowie der Temperaturen sind entscheidende Faktoren dafür, welche Pflanzen in deinem Garten gedeihen und welche nicht. An der Meeresküste ist die Witterung sehr unbeständig, ganz abgesehen von den teils heftigen und salzhaltigen Winden. An großen Seen und Flüssen kann man mit milderem Klima rechnen als im Landesinneren oder gar in Hochlagen; hier herrscht oft Weinbauklima, wo schon lange vor dem Klimawandel wärmebedürftigere Arten gedeihen konnten. Andererseits haben manche Regionen, vor allem in der Mitte Deutschlands, mit zunehmender Trockenheit zu kämpfen, was Anbau und Pflege vieler Pflanzen deutlich erschwert.

Aber auch auf kleinstem Raum kann es große Unterschiede geben bezüglich Temperaturen, Feuchtigkeit und Wind. Zum Beispiel herrschen im offenen Gelände andere Verhältnisse als in der Stadt, wo die Temperaturen durch die dichte Bebauung ausgeglichener sind. Ein wichtiger Faktor ist zudem die Ausrichtung des Gartens: An ihrer sonnigen Südseite speichern Mauern und Hauswände Wärme und geben sie an die Umgebung ab und auf der windabgewandten Seite von Gebäuden, Mauern oder Gehölzen entsteht ein Wind- und Regenschatten.

Daher ist es nicht nur wichtig zu wissen, welches regionale Klima deinen Garten prägt, sondern auch die örtlichen Gegebenheiten einfühlsam wahrzunehmen. Bei Bedarf kann man dann entsprechende Maßnahmen ergreifen (Schutzpflanzungen oder -wände …) bzw. für jeden Bereich Pflanzen mit geeigneten Ansprüchen auswählen.

Tipp

Pflanzen aus südlicheren Gefilden überleben unsere kalten Winter häufig nicht. Bei heimischen Arten dagegen kann man davon ausgehen, dass sie an die herrschenden Verhältnisse angepasst und ausreichend frosthart sind.

Sonnenanbeter und Schattengewächse

Eine der Kernfragen bei der Standortbestimmung ist, auf welche Teilflächen die Sonne fällt und wo sie selten bis nie hinkommt. Und weil die Sonne innerhalb eines Tages einen weiten Weg von Ost nach West wandert und im Sommer wesentlich höher am Himmel steht als im Winter, bilden sich auf der Schattenseite von Gebäuden und dicht belaubten Gehölzen ganz unterschiedliche Eigenschaften aus. Tiefer Schatten entsteht jeweils nur an deren Nordseite. Unter hohen Bäumen oder locker belaubten Sträuchern hingegen sprechen Gärtner*nnen von lichtem Schatten und bei Flächen, die nur zeitweise beschattet sind (zum Beispiel Ost- oder Westseite solcher Hindernisse), von Halbschatten.

Dabei macht es gar nichts, wenn dein Garten all diese unterschiedlichen Lichtbereiche aufweist – im Gegenteil: Auch wenn viele der attraktiven Blüher und der heilkräftigen Aromakräuter sonnige Standorte bevorzugen – es gibt genügend Pflanzen, die am besten im kühlen, meist feuchteren Schatten wachsen, vor allem unter den Wildarten. In den Schattierungen dazwischen gedeihen oft auch noch Pflanzen aus beiden Bereichen.

Fingerspitzengefühl für den Boden

Nicht weniger entscheidend bei der Suche nach standortgeeigneten Pflanzen ist es, sich die Eigenschaften des vorhandenen Gartenbodens bewusst zu machen.

Grob kann man zunächst zwischen schweren und leichten Böden unterscheiden. Letztere herrschen in großen Gebieten Norddeutschlands vor und bestehen überwiegend aus durchlässigem Sand. Das andere Extrem wird aus klebrig-feinem Ton gebildet. Den für Pflanzen und Mikroorganismen ausgewogensten Luft-, Wasser- und Nährstoffhaushalt findet man auf Böden, die sowohl grobe als auch feine Bodenteilchen enthalten; sie werden als schluffig-lehmig bezeichnet. Die Körnung kannst du schon mit der bloßen Hand erkennen: Beim Sand spürt man deutlich die einzelnen Körnchen. Lehm ist bindig und formbar, enthält aber auch fühlbare Körner. Ton dagegen ist plastisch: Er erscheint als feste Masse mit glatter Oberfläche und lässt sich gut zu „Würstchen" ausrollen, die bei Verformung kaum rissig werden. Wenn du aber fachmännisch Bescheid wissen willst über die Beschaffenheit, dann kannst du eine Bodenprobe nehmen und zur Untersuchung an ein entsprechendes Labor schicken.

Magisch Gärtnernde, die Wert auf die Zusammenarbeit mit den Helfern unter unseren Füßen legen, sollten ihr Augenmerk nicht zuletzt auf das Bodenleben richten. Dies lässt sich durch verschiedene Maßnahmen fördern, wie Kompostwirtschaft, organische Düngung, schützende Mulchdecken und die Akzeptanz von bodendeckenden Wildkräutern oder „Unkräutern".

Tipp

Wer die Energien und Schwingungen des eigenen Gartens kennenlernen will, kann zur Bestandsaufnahme eine erfahrene Hexe durchgehen lassen. Diese stellt unter Umständen Wasseradern und andere Energieflüsse fest. Aber oft genügt es schon, sich auf den Instinkt, das eigene Gefühl zu verlassen. Versuche, deinen Garten selbst zu erfühlen: gehe möglichst barfuß, beobachte und lausche, wie sich dein Garten im Jahresverlauf verändert.

Einfühlsam umgestalten

Nicht immer ist es möglich, einen Garten völlig neu zu planen und anzulegen. Meist gilt es, einen bereits bestehenden Garten nach den eigenen Vorstellungen umzugestalten. Das klingt erst einmal nach „Ärmel hochkrempeln und alles von unten nach oben kehren". Aber wenn es ein Hexengarten werden soll, solltest du keinesfalls so vorgehen – einfach nach Lust und Laune das Vorhandende herausreißen und Neues pflanzen. Stattdessen empfiehlt sich als neu hinzukommender Gast erst einmal wahrzunehmen und zu respektieren, was alles gemeinsam mit dir hier wächst und gedeiht – die Pflanzen, die Tiere, die Energien des Gartens. Dann erst und nur bei Bedarf kannst du lenkend eingreifen – hier den Bewuchs ausdünnen, eventuell Platz schaffen für andere Elemente wie einen Sitz- oder Ruheplatz, dort durch Pflanzung eines raumbildenden Gehölzes einen Sichtschutz oder ein neues intimes Eck schaffen.

Die vorhandenen Bäume dürfen das Grundgerüst jeder Umgestaltung bilden, um die herum sich andere Planungselemente entwickeln lassen. Vor allem charaktervolle alte Baumgestalten prägen das gesamte Bild eines Gartens; es würde Jahrzehnte brauchen, bis eine Neupflanzung wieder eine ähnliche Funktion einnehmen kann. Daher sollte man Bäume wirklich nur dann herausschneiden, wenn sie schon alt und krank oder fraglos störend sind oder überhaupt nicht ins Umfeld passen.

Bei einem bisher sehr gepflegten Garten genügt es, ihm wieder mehr Freiheiten für die eigenständige Entwicklung zu lassen. Allerdings erfordert es etwas Geduld, bis sich sowohl atmosphärisch als auch ökologisch wieder ein harmonisches Gleichgewicht eingestellt hat.

Im Übrigen empfiehlt es sich immer, die Elementargeister durch Räuchern oder Opfergaben für die Störung der bisherigen oder natürlichen Ordnung um Erlaubnis zu bitten (siehe S. 66).

Dein Garten wird mit dir wachsen und sich verändern – nicht nur mit den Jahreszeiten, sondern auch je nach Alter und Erfahrung. Du wirst feststellen, dass manche Pflanzen bestens gedeihen, andere weniger. Vielleicht sind es die Standortbedingungen, oder aber die eine oder andere passt im Moment einfach nicht zu deiner Energie. Geduld macht sich auf jeden Fall bezahlt.

Grundformen für den Hexengarten

Es ist wichtig, dass man die Rahmenbedingungen seines Gartens kennt und sich auch bewusst gemacht hat, welche Kernanforderungen er für seine Bewohner*nnen erfüllen sollte. Und spätestens jetzt kannst du dich der Frage widmen, in welcher Form dein Garten spirituell geprägt sein sollte. Du kannst einem bestimmten Thema eine vorrangige Stellung einräumen und den Garten unter ein bestimmtes Motto stellen, wie zum Beispiel:

- Elementegarten (Unterteilung in die vier Elemente, ab S. 62)
- Heilgarten (Schwerpunkt Heilkräuter, siehe zum Beispiel S. 174)
- Jahreskreisgarten
- Mondgarten (Pflanzen mit Beziehung zum Mond und seinen Rhythmen)
- Meditations-, Schamanen-, oder Ritualgarten

Eine klare Struktur, bei der bestimmte Pflanzen bestimmten Bereichen beziehungsweise Themen zugeordnet werden, kann dabei die eigenen Gedanken und Energien lenken und erleichtert gleichzeitig die Nutzung. Nicht zuletzt passen formale Strukturen auch atmosphärisch gut zu einem magischen Hexengarten.

Die klassische Vierteilung

Die Himmelsrichtungen, die Jahreszeiten, die Elemente, die Mondphasen oder auch die Symbole eines Tarot-Decks – vieles in unserer Umwelt und in der Magie wird in jeweils vier Kategorien eingeteilt. Diese Vierteilung steht für konzentrierte Energie, aber auch für die Abwehr finsterer Kräfte. Und so lässt sich auch ein magisch inspirierter Garten leicht in vier Bereiche strukturieren. Wenn du deinen Garten beispielsweise nach den vier Elementen, den Himmelsrichtungen oder den Jahreszeiten einteilst, erleichtert dies das magische Arbeiten mit den Kräutern und den Überblick, wie die magischen, medizinischen und kulinarischen Eigenschaften der Kräuter miteinander verbunden sind. Auch einen Mondgarten kann man entsprechend der Phasen in vier Bereiche teilen, die dann wie eine Wegkreuzung angelegt werden: zunehmender Mond, Vollmond, abnehmender Mond, Neumond.

- **Sommer-, Süd- oder Feuerkräuter** stärken Kraft, Energie, Kreativität, Durchsetzung und Widerstandskraft.
- **Herbst-, West- oder Wasserpflanzen** stehen für Spiritualität, Weiblichkeit, Weisheit, Reinigung, Ruhe und Ausgeglichenheit.
- **Winter-, Nord- oder Erdpflanzen** haben in der Magie mit Erdung, Schutz, Rückzug und Bannung zu tun.
- **Frühlings-, Ost- und Luftpflanzen** symbolisieren Harmonie, Neubeginn, Spiritualität, geistige Klarheit und Vorstellungskraft.

Das klassische Muster für einen viergeteilten Garten ist das Wegekreuz. In seinem Zentrum entsteht ein Kraftpunkt. Hier kann ein auffälliger Strauch wachsen, beispielsweise eine Rose, aber natürlich macht sich hier auch ein Brunnen oder eine Skulptur sehr gut. Diese Mitte kann auch der ideale Ort für einen Altar oder Meditationsplatz sein.

KLASSISCHE VIERTEILUNG

Die strenge Form der Weganlage lässt sich durch einheitliche Beeteinfassungen (zum Beispiel Buchs) zusätzlich betonen. Wenn du möchtest, kannst du die Einteilung deiner Beete weiter optisch unterstreichen, indem du den Bereich farblich passend dekorierst und die Farben der Pflanzen und Blüten durch entsprechend gefärbte Pflanzgefäße, Bodenbeläge, Randsteine und Ähnliches ergänzt. Mit solchen Hilfsmitteln sind diese Zuordnungen sogar im Hochbeet oder auf der Terrasse möglich. Die thematische Zuordnung der Farben kannst du dabei nach deinen eigenen Vorstellungen gestalten, zum Beispiel:

- Rot kann dem Feuerbereich zugeordnet werden (Liebe, Energie, Kraft).
- Blau zu steht für Wasser (Spiritualität, Harmonie, Heilung).
- Weiß passt zu Luftthemen wie Klarheit, Ruhe, Struktur und Neubeginn.
- Grün- oder Brauntöne werden dem Erdelement zugeordnet (Wohlstand, Stabilität, Fruchtbarkeit).
- Gelb und Orange schaffen Freude und Kreativität.
- Violett steht für Spiritualität, Empathie und innere Ruhe.

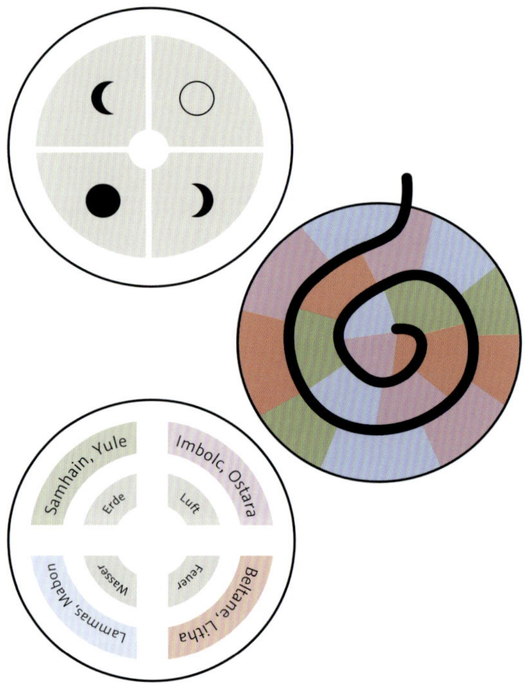

KREISRUNDE ANLAGEFORM

Tipp

Wegkreuzungen kommen in der Hexerei eine ganz besondere Bedeutung zu: Hier wird der Hekate, der Göttin der Unterwelt und der Veränderung, gehuldigt. Warum also nicht einen kleinen Altar in ihrem Namen an einer Wegkreuzung in deinem Garten errichten?

Kreisrunde Anlageformen

Die Vierteilung des Gartens wird in den meisten Fällen auf einer rechteckigen Fläche ausgeführt, weil diese Form in der Regel vom Garten vorgegeben ist. Aber natürlich kann man die Beete auch kreisförmig oder gar als Spirale anlegen. Eine solche Beetanlage lässt ebenfalls besondere Kraftfelder entstehen. Die runde Form eignet sich gut für Hexengärten, denen eine zyklische Thematik zugrunde liegt, beispielsweise für einen Mondphasen- oder Jahreskreisgarten. Hierfür legst du die Beete in einer runden Grundform an, die du mit Wegeplatten wie einen Kuchen in vier oder acht „Tortenstücke" teilst.

Allerdings ist bei der Gestaltung solch runder Formen etwas mehr Know-how erforderlich. Bei Beeten in konzentrischen Kreisen ist es noch relativ einfach: Man schlägt einen Pflock in das Zentrum der Anlage und befestigt daran einen Strick. Die Kreise mit den verschiedenen Radien lassen sich markieren, indem man am Strick jeweils in der gewünschten Länge ein Pflanzholz befestigt und damit die Kreislinie in den Boden ritzt. Wenn du dir mit solchen geometrischen Überlegungen schwertust, holst du dir am besten eine*n erfahrene*n Helfer*in zur Unterstützung.

… ODER AUFGELÖSTE FORMEN?

Es soll aber auch Hexen geben, die ihr Heil weniger in strengen Strukturen finden als vielmehr in aufgelösten Formen. Für solche Fälle dürfte ein Naturgarten die beste Lösung sein, wie er ab S. 42 beschrieben ist. In dieser Gartenform dürfen die vielen infrage kommenden Elemente in naturnaher Unordnung aufeinandertreffen, die Ordnung wird bestenfalls durch vorhandene Strukturen (Gebäude, Bäume, Wege …) vorgegeben, ansonsten dürfen Gartenbereiche (Sitzplatz, Kräuterbeet) und Pflanzen zauberhaft ineinander verwildern.

Gestaltungselemente

Außer durch Pflanzen und Beetformen kannst du dem Garten zusätzliche Energien verleihen, indem du handwerkliche oder künstlerische Elemente passend platzierst. Die Auswahl ist groß – Bauerngarten-Kugeln, Kristalle und bemalte Steine, Windspiele, Fahnen, Traumfänger und Spiegel findest du im Handel, kannst du aber auch selbst gestalten.

Symbole wie Runen, Pentagramme, Monde, Sonnen und Sterne rufen die innewohnenden Kräfte herbei. Pyramiden und Obelisken wirken wie eine Antenne zu höheren Sphären. Aber auch schon durch die einfühlsame Setzung einzelner großer Findlinge kannst du die Energien in deinem Garten wirkungsvoll lenken.

Figuren oder Statuen können unter anderem Naturgeister und Elementarwesen repräsentieren, angefangen vom klassischen Gartenzwerg bis hin zu den Zwischenwesen in Ton oder Steinguss, wie Wichtel, Gnome oder Drachen. Natürlich unterscheiden sich hier die Geschmäcker. Aber gemeinsam ist all diesen Figuren: Sie laden sich durch die zugewandten Energien auf und strahlen sie ihrerseits wieder auf den Betrachtenden zurück. Deiner Fantasie sind bei der Wahl entsprechender Accessoires kaum Grenzen gesetzt.

Ein Hexengarten ohne Garten

Auch wenn dir kein großer Garten zur Verfügung steht – auf dem Balkon, auf der Terrasse oder im Innenhof kannst du mit Pflanzen naturnahe Krafträume schaffen. Selbst in der geschlossenen Wohnung ist es möglich, ein grünes Umfeld gestalten und sogar ein paar nützliche Kräuter zu ernten.

Ein kleines Paradies ist keine Hexerei

Da die Pflanzen im engsten Wohnumfeld meist etwas geschützt stehen und auch so überwintert werden können, stehen für diese Zwecke zahlreiche dekorative Arten zur Auswahl, die aus wärmeren Gefilden stammen und bei uns im Freien nicht ganz winterhart sind. Mit den üppigen Blüten der Balkon- und Kübelpflanzen lässt sich südländisch-sonniges Flair erzeugen. Doch eigentlich sind die Hexenkräfte mehr mit der heimischen Flora verbunden als mit glamourösen Exoten.

VORAUSSETZUNGEN FÜR DIE ERFOLGREICHE PFLEGE

Auf kleinen Flächen steht meist nicht viel offener Boden als Wurzelraum zur Verfügung. Stattdessen spielen Pflanzgefäße eine entscheidende Rolle für das Wachstum unserer Gewächse. Damit die Pflanzen anständig wurzeln können, sollten diese mindestens 20 cm breit und tief sein.

Pflanzbehälter aus Kunststoff sind leicht an Gewicht; als besonders praktisch erweisen sich Bauweisen, die mit einem Wasserreservoir ausgestattet sind, vor allem in stark besonnten Lagen. Doch zum lebendigen Inhalt und zu einem Mini-Hexengarten passen Naturmaterialien wesentlich besser. Mit etwas handwerklichem Geschick kann man sich selbst einen Kasten aus Holz bauen. Der Klassiker sind Gefäße aus Ton und Keramik, die aufgrund ihres Gewichts auch sehr standfest sind. Auch hierbei handelt es sich um ein Naturmaterial. Frostsicher gebrannte Terrakottagefäße von guter Qualität sind allerdings relativ kostspielig.

Auch das Substrat trägt entscheidend zum Erfolg einer Pflanzung bei. Es lohnt sich, die etwas teurere Markenerde aus dem Fachhandel zu nehmen, und keine Billigprodukte aus dem Supermarkt. Die Erde sollte möglichst keine Torfanteile enthalten, weil bei dessen Abbau wertvolle Lebensräume zerstört werden.

Die meisten Kulturpflanzen wachsen und blühen im begrenzten Gefäß und im unbelebten Substrat meist nur dann befriedigend, wenn man sie zusätzlich düngt. Wildpflanzen dagegen brauchen in der Regel eine geringere Nährstoffzufuhr.

Insbesondere auf nach Süden ausgerichteten Standorten und in trockenen, heißen Sommern ist das Gießen der Topfpflanzen unerlässlich, da den Gewächsen im begrenzten Topf keine Möglichkeit zur Verfügung steht, Wasser aus tieferen Erdschichten zu ziehen.

WILDNIS IM TOPF

Es liegt nicht nur im Interesse der Artenvielfalt, des Bienen-, Insekten- und Vogelschutzes, dass man selbst in Töpfen und Kästen den Wildpflanzen Raum lässt. Dabei kannst du entweder höher wachsende Topfpflanzen mit Wildblumen unterpflanzen, oder eigene Gefäße für die Bepflanzung mit einer Vielfalt an Einjährigen bereitstellen. Dazu streust du einfach Saatgut einer Blumenwiese oder einzelner Wildblumen auf das Substrat deiner Töpfe und Kästen. Viele heimische Wildblumen, zum Beispiel Schafgarbe, Margerite, Kornblume, verschiedene Skabiosensorten und Leinkraut, bevorzugen dabei trockene und magere Böden. Auf sehr trocken-heißen Plätzen mit wenig Substrat gedeihen am besten Mauerpfeffer (*Sedum*) und Hauswurz-Arten (*Sempervivum*). Oder, wenn du viel Geduld hast, wartest du einfach, was sich von selbst ansiedelt. Normalerweise musst du nicht lange auf die ersten grünen Besucher warten.

Auch viele der heil- und hexenkräftigen Kräuter lassen sich gut in Gefäßen kultivieren, sie sind oft von Natur aus an trockene Bedingungen und eine bescheidene Nährstoffversorgung gewöhnt. Manche (zum Beispiel Dill) sind allerdings etwas windanfällig und müssen gestützt werden. In einem ausreichend breiten Kasten platziert man hinten die höheren Arten. Im Vordergrund werden bevorzugt niedrige oder gar hängende Kräuter wie beispielsweise Thymian oder Kapuzinerkresse gepflanzt. Und vergiss nicht, dass mit kletternden Arten die Möglichkeit besteht, auch die vertikale Dimension zu begrünen!

Mit der Natur verbündet

Mit Grüner Magie zu arbeiten bedeutet, mit der Natur zu agieren, statt gegen sie zu gärtnern. In einem Hexengarten sollte ein harmonisches Zusammenspiel zwischen Boden und Mikroorganismen, Pflanzen und Tieren herrschen, sodass sich langfristig ein biologisches Gleichgewicht entwickelt.

Gärtnern? Natürlich!

Unter naturgemäßer Pflege reagieren die Pflanzen widerstandsfähiger auf Krankheiten und Schädlinge, Klimaextreme und andere widrige Einflüsse. Auf chemische Gartenhelfer dagegen sollte man nicht vertrauen. Dieses Vorgehen erfordert etwas Toleranz, Geduld und Vertrauen in die Selbstheilungskraft der Natur. Manchmal heißt gärtnern dann, den Garten einfach „mal machen" zu lassen. Ein natürlicher Garten entspricht in der Regel nicht dem akkuraten Bild, wie man es von manchen Gartenzeitschriften gewohnt ist. Doch naturverbundene Gartenfreund*innen können sich auch über die Lebendigkeit und Vielfalt des sich selbst ansiedelnden Wildwuchses freuen.

Eine wesentliche Rolle beim biologischen Gleichgewicht spielen die Nützlinge – also Tiere, die schädliche Tiere verdrängen oder sogar auffressen. Eine Menge von Wildtieren erfüllt solche Aufgaben: Marienkäfer vertilgen große Mengen Blattläuse, Igel verputzen Nacktschnecken und verschiedenste Insektenarten helfen bei der Bestäubung von Obst- und Gemüsepflanzen. Du kannst Nützlinge anlocken, indem du in deinem Garten viele Wildkräuter gedeihen lässt und ihnen die verschiedensten Lebensräume anbietest, wie Wildhecke, Blumenwiese, Feuchtbiotop, Trockenmauer, Reisighaufen oder Brennnesselecke. Es hilft aber auch schon, wenn man den Rasen nicht düngt und seltener mäht, um auch zahlreiche Wildkräuter blühen zu lassen, und bei den Pflanzungen heimische Wildstauden gegenüber pflegeaufwändigen Prachtzüchtungen bevorzugt.

Standortgemäße Pflanzenauswahl

Besonders bei Standorten mit sehr speziellen Eigenschaften, zum Beispiel am Gehölzrand oder in Schattenbereichen, liegt es nahe, sie bewusst heimischen Arten zu überlassen oder diese sogar gezielt anzusiedeln. Wo du aber den Bewuchs stärker lenken und gestalten möchtest, empfiehlt es sich, zunächst die Standortbedingungen zu studieren, diese gegebenenfalls zu optimieren und schließlich eine Auswahl aus Pflanzen zu treffen, die mit diesen Bedingungen am besten zurechtkommen.

BLUMENWIESEN

In besonders großer Dichte siedeln sich Wildblumen und -kräuter auf einer Wiese an. Die Blüten von Flocken- und Glockenblume, Schafgarbe, Wiesenkerbel, Klee und Klappertopf locken in großer Zahl Wildbienen, Schwebfliegen, Falter und andere fleißige Besucher an.

Die beste Voraussetzung für eine artenreiche Wiese ist ein relativ magerer, also nährstoffarmer Boden. Liegen keine solchen Bedingungen vor, erfordert eine Umstellung oft jahrelange Maßnahmen und viel Geduld. Eine günstige Zeit für die Aussaat von Wiesenblumen ist Mai/Juni, alternativ der Spätsommer bis in den September.

Eine echte Blumenwiese darf nur zwei- bis dreimal im Jahr gemäht werden, damit sich der erwünschte Artenreichtum entwickelt. Soll die Fläche auch als Aufenthaltsraum genutzt werden, sollte man sich daher mit der Kompromissform Blumenrasen begnügen. Dafür wird nur so oft gemäht, wie es der Rasenmäher gerade noch packt. Hier werden Gänseblümchen, Günsel, Löwenzahn, Klee, Ehrenpreis, Spitzwegerich und andere Kräutchen gern geduldet.

Beispielhafte Stauden für naturnahe Pflanzungen

Sonne: Akelei, Glockenblumen, Goldfelberich, Berg-Flockenblume, Küchenschelle, Schleierkraut, Storchschnabel-Arten, Trollblume, Kugel-Wolfsmilch, Alant, Grasnelke, Blutweiderich, Kugeldistel, Skabiose, Thymian, Veronika

Schatten: Beinwell, Eisenhut, Geißbart, Günsel, Immergrün, Leberblümchen, Lungenkraut, Salomonssiegel, Sterndolde, Taubnessel, Waldmeister

SCHATTENBLÜTEN

Gartenbesitzer*nnen stellen sich oft die Frage, was sie mit Flächen anfangen sollen, die stark beschattet werden. Doch gerade solche Bereiche eignen sich besonders gut für naturnahe Pflanzungen. Denn hierfür stehen zahlreiche ansehnliche heimische Arten zur Auswahl, vom niedrigen Bodendecker bis zum imposanten Laubhorst oder zu zierlichen Blühern. Im Beetplan „Erde“ (ab S. 122) findest du besonders viele heimische Pflanzen, die halbschattige und schattige Standorte bevorzugen.

MAUERBLÜMCHEN

Ein anderer Lebensraum mit naturnahem, oft heimischem Bewuchs sind Mauern. Die Pflänzchen, die hier gedeihen, begnügen sich oft mit einer dünnen Erdschicht und folglich auch wenig Nährstoffen und Feuchtigkeit.

Zu den typischen Mauerbewohnern gehören Mauerpfeffer bzw. Fetthenne- *(Sedum-)* sowie Steinbrech-Arten (*Saxifraga*) oder zierliche Farne. Besonders genügsam ist die Hauswurz (*Sempervivum*): Ihre fleischigen Rosetten wurzeln in winzigen Erdresten auf den Dächern von Müllhäuschen oder ganzen Häusern und sollen diese nach altem Brauch vor Blitzeinschlag schützen. Auf der Mauerkrone und am Fuß der Mauer steht etwas mehr Substrat für die Pflanzenwurzeln zur Verfügung. Hier können üppige Polsterstauden wie Blaukissen, Gänsekresse, Steinkraut, Teppichphlox, Schleifenblume oder Seifenkraut wachsen.

Dem Garten Freiheit lassen

Auch, wenn du für jedes Pflänzchen nur das Beste möchtest: Sei nicht enttäuscht, wenn etwas bei dir nicht gedeiht. Manchmal mag es einfach nicht recht passen: die Umgebung oder die Erde, manchmal auch das Wetter. Eine Pflanze ist ein hochkomplexes Wesen und reagiert auf vielen Ebenen. Wenn ein Kräutlein nicht dort gedeiht, wo du es in deinem Garten haben möchtest, solltest du das akzeptieren und versuchen, es woanders anzusiedeln. Und wer weiß: Vielleicht überrascht dich die eine oder andere Pflanze, die ganz von selbst in deinem Garten erscheint und sich dort ihr liebstes Plätzchen ausgesucht hat. Der Weg zur Pflanze ist das Ziel!

Hilfsmittel für den Hexengarten

Das beste Werkzeug im Umgang mit Boden und Pflanzen sind die Hände. Für manche Gartenarbeiten ist gutes Werkzeug jedoch unverzichtbar. Die folgenden Hilfsmittel möchte ich bei meiner Gartenarbeit zumindest nicht missen.

Die richtige Kleidung

Im Sinne eines guten Kontakts zu den Elementen und zu den grünen Schützlingen sollte man Handschuhe weglassen, sofern keine Verletzungen oder hartnäckigen Verschmutzungen zu befürchten sind. So kannst du die Energie deines Gartens und deiner Pflanzen besser erfühlen und erfahren. Idealerweise verzichtest du sogar auf die scheinbar obligatorischen Gummistiefel und bleibst barfuß, wenn du wirklich mit den Erd- und Pflanzengeistern auf Tuchfühlung gehen willst. Achte aber darauf, dass du bei potenziell gefährlichen Arbeiten ausreichend geschützt bist. Das betrifft sowohl schwere, spitze oder scharfe Gegenstände, als auch beispielweise Dornen und Insektenstiche. Auch der Sonnenschutz sollte beim Arbeiten im Garten nicht vergessen werden. Im Einzelfall darfst du natürlich selbst entscheiden, ob und wie du dich schützen willst oder nicht.

Gartenwerkzeug

Auch, wenn die Hände das Werkzeug Nummer eins im Garten sind, dürfte unbestritten sein, dass man bei etlichen Arbeitsgängen nicht ohne zusätzliches Werkzeug auskommt. Mit gutem Werkzeug geht die Arbeit schneller, komfortabler und in vielen Fällen auch sachgerechter von der Hand.

Bei Auswahl und Kauf deiner Werkzeuge solltest du darauf achten, dass sie aus möglichst langlebigen und nachhaltigen Materialien bestehen. Beim Naturmaterial Holz sind harte, lackierte Edelhölzer zweckmäßiger als Weichholz. (Edel-) Stahl oder Kupfer ist dabei gegenüber Plastik und Blech deutlich zu bevorzugen. Es lohnt sich, beim Kauf auf hochwertige Materialien und eine solide Verarbeitung zu achten, vor allem bei stark beanspruchten Werkzeugen. (Hand-) Geschmiedete Materialien, geschraubte statt einfach zusammengenietete Verbindungen und möglichst wenig Kunststoffteile sind zwar keine absolute Garantie für Langlebigkeit, können aber die Nutzungszeit eines Werkzeugs gegenüber billiger Ware deutlich verlängern und Reparaturen erleichtern.

GRUNDAUSSTATTUNG

Zur Grundausstattung jedes Gartens gehören Gießkanne, Schubkarre und Eimer – lieber aus Zink oder anderen Metallen als aus Plastik. Zum Transport von Laub oder Erntegut erweist sich ein Weidenkorb als ebenso zweckmäßig wie stilvoll.

Ein Holzfass, in dem das Regenwasser gesammelt wird, hilft, das wertvolle Trinkwasser zu schonen. In größeren Gärten wird man allerding kaum um einen Schlauch oder andere Bewässerungshilfen herumkommen.

Mit der Schaufel lässt sich Erde aufnehmen und umladen. Der Spaten hingegen dient dazu, Erde und Pflanzenteile abzustechen, während man mit der Grabegabel den Boden eher lockert und klebrige Schollen oder Wurzelballen ausgräbt. Die Stiele dieser Geräte müssen recht stabil sein, weil sie bei der Arbeit mitunter erheblichen Kräften ausgesetzt sind. Spaten und Grabegabel schließen am besten mit einem T- oder D-Griff ab, der etwa bis Nabelhöhe reichen sollte.

Zu den unersetzlichen Gartenwerkzeugen gehört auch der Rechen, auch Harke genannt. Zum Zusammenkehren von Rasenschnitt und Laub eignet sich der Fächerbesen besser.

Früher oder später wirst du merken, welche Werkzeuge du als Ergänzung deiner Grundausrüstung wirklich brauchst. So bildet sich mit der Zeit ein Fundus, der auf die individuellen Bedürfnisse zugeschnitten ist und bei dem es kein überflüssiges oder unnützes Gerät gibt.

UNVERZICHTBARE HANDGERÄTE

Viele dieser Geräte gibt es auch in Handversion. Ein Handschäufelchen (oder „Pflanzkelle") gehört zur Standardausrüstung; zum Pflanzen, für kleine Erdbewegungen oder auch zum Ausstechen. Mit dem Setzholz werden Pflanzgruben gestochen. Zum Vereinzeln von Sämlingen benutzt man ein Pikierholz, mit dem man die jungen Pflanzen aus dem Substrat hebt und Löcher für das Vereinzeln vorbohrt. Aber statt der Plastikversion aus dem Gartencenter kannst du natürlich auch einfach ein gerades Holz- oder Triebstück in der richtigen Dimension verwenden.

Hinzu kommen Scheren, Sägen und auch Messer in verschiedenen Größen und Ausführungen, mit denen die krautigen oder holzigen Pflanzenteile ausgeschnitten oder zerkleinert werden können. Es dürfte einleuchten, dass man sich dabei mit Qualitätswerkzeug leichter tut.

MOTORGERÄTE

Darüber hinaus bietet der Fachhandel eine kaum überschaubare Vielfalt an motorisierten Geräten an – von Rasenmäher, Heckenscheren, Motorsensen, Häcksler, Hochdruckreiniger, Laubbläser und Fräsen bis hin zu Mäh- und Bewässerungscomputern. Natürlich steht es jedem frei, sich passend zu den anfallenden Arbeiten und angesichts von Zeitmangel oder beschränkter Leistungsfähigkeit entsprechende Hilfsmittel anzuschaffen.

Doch abgesehen davon, dass solche Anschaffungen mit erheblichen Kosten und Gefahren einhergehen und auch gewartet werden wollen: Motorgeräte verursachen eine Menge Lärm, alle Geräte verbrauchen Energie, rauben unserem kleinen grünen Paradies die Unschuld und stören so die Verbindung zu den Elementarkräften. Ein Hexengarten sollte daher mit möglichst wenig technischer Ausrüstung auskommen.

Magische Gartengeräte

Magisch verziertes Werkzeug

Neben deinen Händen treten insbesondere deine Werkzeuge in engen Kontakt mit deinem magischen Garten. Sie sollten also speziell zu diesem Zweck hergestellt und geweiht werden. Um Harke, Gartenschaufel und Co. zu einem kraftvollen magischen Ritualwerkzeug umzuwandeln, kannst du die Griffe mit Symbolen bemalen oder sie einbrennen. Lege dir dafür Geräte mit einem Holzgriff zu, der sich gut bearbeiten lässt. Als Symbole eigenen sich Sigillen, Wachstumsrunen oder Symbole der Elemente. Folge deiner Eingebung und deinen eigenen Talenten. Du kannst auch auf meine Aufzählung zu den einzelnen Elementen und deren Symbole oder auf die Sigillenmagie (siehe S. 86) zurückgreifen.

Du benötigst:

- Gartengeräte deiner Wahl mit Holzgriff
- Optional: Schleifpapier und wetterbeständiger Klarlack
- Papier und Bleistift
- Optional: Kohlepapier
- Brenngerät/Lötkolben zum Einbrennen (alternativ: wetterbeständige Farben)

Anwendung:

1. Wenn nötig, behandle den Werkzeuggriff vor, indem du ihn reinigst und abschmirgelst.
2. Übertrage grob die Form des Werkzeuggriffs eins zu eins auf ein Papier. Gestalte diesen dann mit Bleistift so, wie du es dir vorstellst.
3. Wenn du nicht frei Hand zeichnen oder brennen möchtest, übertrage deine Skizze mit Kohlepapier auf den Griff deines Werkzeugs.
4. Nun kannst du deine Symbole mithilfe des Lötkolbens oder mit Pinsel und Farbe auf den Holzgriff malen.
5. Versiegle den Griff mit wasserfestem Klarlack.

Weihungsritual für Gartenwerkzeuge

Du benötigst:

- Räucherschale mit Kohle und Räuchermischung deiner Wahl
- Kerze
- Schale mit Mond- oder Quellwasser
- Gartenerde aus deinem Garten
- Etwa einen Esslöffel Honig und ein halbes Glas Vollmilch
- Optional: Kompass, wenn du nicht weißt, wo die Himmelrichtungen sind

Anwendung:

1. Stelle die Räucherschale im Osten auf und entzünde die Kohle. Wenn die Kohle durchgeglüht ist, kannst du das Räucherwerk auflegen. Stelle deine Kerze im Süden auf und entzünde sie. Platziere die Wasserschale mit dem Wasser im Westen, die Gartenerde stelle in den Norden. Deine zu weihenden Utensilien lege nun in die Mitte. Wenn du mehrere Gartengeräte weihen möchtest, so solltest du eins nach dem anderen aufladen.
2. Nimm nun eines der Gartengeräte zur Hand und halte es über das Räucherwerk. Sprich: *„Ich weihe diesen Gegenstand den Kräften der Luft. Mögen sie lange in ihm leben und meine Gartenarbeit beflügeln.“*
3. Nun halte es über die Flamme der Kerze, achte darauf, dass es nicht verbrennt. Sprich: *„Ich weihe diesen Gegenstand den Kräften des Feuers. Mögen sie lange in ihm leben und mich inspirieren.“*
4. Dann geh zum Wasser über. Gib einige Tropfen auf dein Werkzeug und sprich: *„Ich weihe diesen Gegenstand den Kräften des Wassers. Mögen sie lange in ihm leben und meine Gartenarbeit kraftvoll bereichern.“*
5. Dann streue die Erde über dein Werkzeug und sprich: *„Ich weihe diesen Gegenstand der Mutter Erde. Möge sie lange in ihm leben und meine Arbeit segnen und gedeihen lassen.“*
6. Lege das Werkzeug nun in die Mitte des Kreises.
7. Wenn du dein Ritual vollendet hast, also alle Gegenstände geweiht in der Mitte liegen, gib den Honig in die Mitte des Kreises auf den Boden und gieße die Milch daneben aus.
8. Sprich: *„Vielen Dank für eure Kraft, meine Zeremonie ist nun vollbracht! Mögen Wachstum, Kreativität und Magie diesem Werkzeug innewohnen. So sei es!“*

Der Boden, die Grundlage der Fruchtbarkeit

Die Erde ist das wichtigste Glied im Kreislauf des Lebens. Hier wird Vergangenes umgesetzt, sodass Neues entstehen kann. Daher ist es unerlässlich, den Nährboden in deinem Garten zu schätzen, zu pflegen und sorgsam mit ihm umzugehen.

Der Kreislauf des Lebens

Die obersten 20 cm unseres Bodens entscheiden über den Erfolg unserer gärtnerischen Bemühungen. Denn hier bildet sich der Humus – das wertvolle, lebendige organische Substrat, das den Boden und das Pflanzenwachstum in idealer Weise fördert. Doch darüber hinaus bleibt es für das Auge des Beobachters weitgehend unsichtbar, was sich unter der Erdoberfläche abspielt. Eine unvorstellbare Zahl von Kleinstorganismen führt hier abgestorbene organische Materialien in den Kreislauf des Lebens zurück und bereitet sie für die Ernährung der lebenden Pflanzen auf. Gleichzeitig sorgen sie für einen biologisch garen Boden, der Wasser, Luft und Nährstoffe in einem ausgewogenen Verhältnis für die Pflanzen zur Verfügung stellt – die Voraussetzung für fruchtbares Wachstum. Deshalb ist die wertschätzende Behandlung von Mutter Erde, in Form von spirituellen Ritualen wie auch von fachgerechter Bodenpflege, eine der wichtigsten Voraussetzung für reiches Blühen und Ernten.

Ein Beet anlegen

Bevor du daran gehen kannst, eine Bepflanzung anzusäen oder einzusetzen, solltest du eine Bestandsaufnahme deiner Bodenbedingungen machen. Je nach vorherrschenden Bedingungen kannst du dann eine passende Bodenverbesserungsmaßnahme vornehmen. Ziel der Bemühungen ist ein krümeliges, humusreiches Substrat.

BODENUNTERSUCHUNG

Neben der einfachen Bodenprobe, die du selbst durchführen kannst (siehe S. 35), kann heute jede*r Gärtner*in (gegen Gebühr) in einem staatlichen oder privaten Labor die Bodenart sowie Gehalt und Verfügbarkeit (pH-Wert) einiger wichtiger Nährstoffe bestimmen lassen. In vielen Fällen ist das auch sehr zu empfehlen: zur anfänglichen Bestandsaufnahme, um Probleme beheben oder auch um eine umweltschädliche Überdüngung vermeiden zu können. In einem eingewachsenen naturgemäßen Garten kommst du aber auch ohne aus, wenn du

- deinen Boden kennst und keine augenscheinlichen Mängel auftreten,
- die Nährstoffzufuhr vorwiegend auf selbst gemachten Kompost beschränkst und diesen pro Jahr und Fläche nur wenige Zentimeter hoch ausbringst,
- bestenfalls besonders „hungrige" Pflanzengäste zusätzlich mit organischem Stickstoff (zum Beispiel Hornmehl) versorgst.

DIE BODENVERBESSERUNG

An der Stelle, an der du dein Beet gestalten möchtest, musst du eventuell erst die vorhandene Vegetationsdecke entfernen. Insbesondere lästige Wurzelunkräuter wie Giersch, Quecke oder Ackerdistel sind dabei sorgfältig auszulesen. Die Maßnahmen zur Bodenverbesserung sollten dann 14 Tage vor der Bepflanzung abgeschlossen werden.

MECHANISCHE BODENBEARBEITUNG

Das herbstliche Umgraben galt einmal als die bekannteste Maßnahme der Bodenpflege. Sie sollte es ermöglichen, dass der Frost die groben Schollen zu kleinen Krümeln zersprengt.

Ein wichtiger Aspekt bei der Bearbeitung des Bodens ist, dass die wertvollen Kleinstorganismen schonend zu behandeln sind, damit sie uns weiterhin mit ihrem Fleiß unterstützen. Das Umgraben wird aus Bio-Sicht abgelehnt, weil dabei die Lebenswelt von Bodenflora und -fauna auf den Kopf gestellt wird. Bei einem mittelschweren oder sandigen Boden kann man tatsächlich gut auf die Maßnahme verzichten, weil die Bodenteilchen gar nicht zu groben Schollen verkleben. Auf schweren, vernässten Böden hingegen lohnt es sich oft, den Arbeitsaufwand und die vorübergehende Beeinträchtigung des Bodenlebens in Kauf zu nehmen, weil das Umgraben langfristig doch zur Verbesserung beiträgt.

SUBSTRATZUSÄTZE

Mit Hilfe von Substratzusätzen lassen sich einseitige Eigenschaften ausgleichen. So kann man einem schweren Boden Sand beimischen, um ihn durchlässiger zu machen. Leichter Sandboden gewinnt durch die Beigabe von Tonmehl an Wasserhaltevermögen und die Zugabe von Kalk hilft, sauren Untergrund zu neutralisieren. Torf ist aus Gründen des Naturschutzes, aber auch wegen seines Säuregehalts als Bodenzusatz abzulehnen; lediglich für Moorbeetpflanzungen (Rhododendron, Heidekraut usw.) ist sein Einsatz sinnvoll.

Tipp

Bei der Anlage eines Nutzgartens solltest du eine Beetbreite von 1,20 m nicht überschreiten, damit du jederzeit bequem an jedes Kräutlein herankommst. Trittsteine innerhalb des Beetes können denselben Zweck erfüllen.

Bemalte Trittplatten für deinen Garten

Um die Pflänzchen und die Gartenerde zu schonen und damit du auch sicher an jedes Kräutlein herankommst, solltest du bei großen Beeten Trittplatten und Wege legen. Wenn du die Trittplatten mit Symbolen und Farben bemalst, kannst du durch deren Symbolkraft zusätzlich die Energie in diesem Bereich verstärken.

Du benötigst:

- Zement- oder Steinplatten, Größe nach Wahl
- Papier
- Bleistift
- Kohlepapier
- Beton- oder Acrylfarben (wetterfest)
- Pinsel
- Optional: Lack zum Versiegeln

Anwendung:

1. Reinige deine Trittsteine gut. Grundiere sie, wenn nötig.
2. Suche dir passende Symbole und die gewünschten Farben für deine Trittplatten aus. Diese kannst du beispielsweise passend zum Element des Beets wählen.
3. Zeichne deine Symbole zunächst in Originalgröße auf einem Blatt Papier vor.
4. Pause mit Hilfe des Kohlepapiers deine Zeichen und Symbole auf die Steine. Ziehe die Linien bei Bedarf nochmals mit Bleistift nach.
5. Nun kannst du deine Trittplatten mit den Acrylfarben deiner Wahl bemalen. Lasse die Farbe gut trocknen.
6. Um die Platten wetterbeständiger zu machen, kannst du sie abschließend mehrmals mit Klarlack behandeln.

Der natürliche Jahresrhythmus

Unsere Vorfahren kannten noch keinen Wetterbericht. Stattdessen haben sie intensiv Himmel, Pflanzen und Tiere beobachtet und für die Vorhersage der Witterungsentwicklung herangezogen. Auch die natürlichen, der Wissenschaftler sagt „phänologischen", Jahreszeiten nutzen solche Beobachtungen: Aus dem jeweiligen Erreichen bestimmter pflanzlicher Entwicklungsstadien können Gärtner*innen folgern, welche Gartenarbeiten aktuell zu erledigen sind.

Stufenweise in den Frühling

Nach kalten und kahlen Wintermonaten sehnen sich Herz und Auge nach Zeichen des wiedererwachenden Lebens. Botaniker*innen haben den Start des Vorfrühlings als exakt den Tag definiert, an dem sich die Blütenblätter der Schneeglöckchen abspreizen. In Deutschland geschieht dies inzwischen überwiegend zwischen Ende Januar und Mitte Februar. Ab diesem Datum nimmt die Intensität der Sonnenstrahlen sowie die Tageslänge merklich zu. Dadurch kann sich der Boden ausreichend erwärmen, um ihn feinkrümelig bearbeiten und mit den ersten Aussaaten beginnen zu können.

Bevor der Frühling seinen Höhepunkt erreicht, müssen die meisten Pflanzen noch ihr grünes Kleid entfalten. Diese Zeit, beginnend mit der Entfaltung des Laubs bei der Stachelbeere, nennt man Erstfrühling. Etwa zur selben Zeit fängt die Forsythie an zu blühen. Nun können die Frühkartoffeln gelegt werden.

Als Vollfrühling bezeichnet man die Wochen ab dem Blühbeginn der ersten Apfelsorten. Der Termin schwankt im Mittel zwischen Mitte (im Rheingraben) und Ende April (in Schleswig).

Auch wenn es oft schon frühzeitig sehr warm ist, bilden die Eisheiligen (12.–15. Mai) nach wie vor den Termin, nach dem mit einiger Wahrscheinlichkeit keine Fröste mehr auftreten. Daher werden nach allgemeiner Übereinkunft die frostempfindlichen Blumen und Gemüse erst danach ausgepflanzt. Tatsächlich aber schwankt der letzte Frosttermin je nach Jahr und Lage zwischen Anfang April und Ende Mai. Daher sollte man in der kompletten Zeit die Prognosen verfolgen und noch Vlies oder andere Schutzabdeckungen bereithalten.

Die warme Jahreszeit

Phänologisch wird der Beginn des Frühsommers am Blühbeginn des Winterroggens festgemacht. Etwa zur selben Zeit zeigt auch der Holunder seine weißen Blütendolden und die Rosen öffnen ihre ersten Knospen.

Der Juni bringt häufig noch einmal einen Temperatursturz, die sogenannte Schafskälte, wodurch die Entwicklung mancher Pflanzen einen Rückschlag erleidet. Danach ist der Sommer meist nicht mehr aufzuhalten. Mit der Sonnenwende (21. Juni) allerdings werden die Tage bereits wieder kürzer.

Der Beginn des Hochsommers wird definiert durch die Blüte von Madonnenlilie und Wegwarte. Auch die Reife der Stachel- und Johannisbeeren geht eng mit diesem Termin einher. Und in den Rabatten erreichen die Sommerblumen ihren Höhepunkt.

Die Blüte des Heidekrauts gibt gemeinsam mit der Reife der roten Ebereschen-Früchte, auch Vogelbeeren genannt, das Startsignal für den Spätsommer. Während die Tage wieder merklich kürzer werden, können bereits zahlreiche Wildfrüchte und Obstarten geerntet werden.

Farbenfrohe Rückzugsgefechte

Der Blühbeginn der Herbstzeitlosen kündet vom Übergang des Spätsommers in den Frühherbst, umgangssprachlich gern als Altweibersommer bezeichnet. In diesen Wochen werden mittelfrühe Kernobstsorten erntereif, Wildfrüchte von Holunder und Heckenrosen kommen hinzu. Die ersten Reifnächte lassen wenig Raum für Illusionen, und auch die Blätter der großen Laubbäume verfärben sich bereits. Doch der Beginn des Spätherbstes wird erst mit dem allgemeinen Laubfall gleichgesetzt. Im Garten können nun die Blätter auf Beeten sowie unter Sträuchern als Mulchdecke verteilt werden; der Rest kommt auf den Kompost. Die Zeit zwischen Laubfall und vor stärkeren Frösten ist für zahlreiche Stauden und Gehölze ein idealer Pflanztermin.

Advent und Winterzeit

Um den Winter zu erkennen, bedarf es keiner Signalpflanze: Schnee und Frost sind seine untrüglichen Kennzeichen. Die Natur hat sich zurückgezogen, um für die nächste Saison frische Kräfte zu sammeln. Bei den meisten Stauden sterben die oberirdischen Triebe ab; ihre Lebenskräfte überdauern im Wurzelstock unter der Erde.

Pflanzen aussäen und vermehren

Für einen Garten braucht es Pflanzen – klar. Aber woher nehmen? Natürlich kannst du einerseits deine Pflänzchen im Gartencenter erwerben und an die vorgesehene Stelle setzen. Du kannst sie aber auch aus Samen oder Stecklingen ziehen und deine Pflanzen auf diese Weise vermehren. Für viele Gärtnernde ist es ein echtes Erlebnis zuzusehen, wie aus einem winzigen Samenkorn eine gesunde und fruchtbare Pflanze wird.

Pflanzen selbst anziehen

Durch eigene Vermehrung kommt man einfach und kostengünstig zu einer großen Pflanzenzahl. Einjährige Arten werden im Frühjahr ausgesät, überwiegend ab März oder April, zweijährige (wie zum Beispiel Petersilie, Vergissmeinnicht) oftmals auch im Sommer.

GESCHÜTZTE ANZUCHT

Wenn alle Pflanzen im Garten bei uns heimisch wären, ginge es einfach: Man bräuchte die Samen nur zu einem günstigen Zeitpunkt auf den Boden streuen – fertig! So einfach ist es aber nicht. Zahlreiche Blumen- und Gemüsearten stammen ursprünglich aus wärmeren Gefilden. Und weil ihnen unsere kurze frostfreie Vegetationsperiode nicht zum Blühen und Fruchten ausreicht, müssen sie schon während der kalten Jahreszeit an geschützter Stelle vorgezogen werden.

Die meisten dieser Samen keimen bei Temperaturen zwischen 18 und 20 °C. Besonders wärmeliebende Arten, wie Tomaten, Paprika und Gurken, aber auch Begonien, Ziersalbei und andere Blumen benötigen sogar 20 bis 25 °C zum Keimen – und damit unbedingt einen beheizten Raum. Da nur die Wenigsten über ein Gewächshaus verfügen, muss oft das Fensterbrett ausreichen.

Als Gefäße verwendet man flache Schalen, die über Abzugslöcher verfügen. Besonders praktisch sind Presstöpfe oder Multitopfplatten, wo jeweils pro „Abteil“ ein einzelnes Korn gelegt wird. Dadurch kann sich ein Wurzelballen bilden, der späteres Verpflanzen erleichtert. Außerdem kann man sich das Vereinzeln ersparen.

Die Sämlinge brauchen ein feinkörniges, steriles Substrat, das nur wenige Nährstoffe enthält. Der Handel bietet dazu spezielle Aussaaterden.

So wird gesät

Das Aussaatgefäß wird so mit dem Substrat befüllt, dass nach oben ein etwa 1 cm hoher Rand bleibt. Dann die Erde festdrücken, ebnen und vorsichtig befeuchten. Nun kannst du die Samen möglichst gleichmäßig verteilen. Die individuellen Ansprüche des Saatguts bzw. der Pflanzenart findest du in der Regel auf der Saatgutverpackung.

Die meisten Arten sind Dunkelkeimer und wollen mit einer feinen Erdschicht übersiebt werden, etwa zwei- bis dreimal so stark wie die Samen. Lichtkeimer jedoch, wie Fleißiges Lieschen, Ziertabak, Salat und einige Kräuter, brauchen zum Keimen Licht. Bei ihnen genügt es, die Samen vorsichtig anzudrücken. Schließlich werden sie mit einer feinen Brause angegossen.

Das Substrat sollte nie völlig austrocknen. Eine lichtdurchlässige Abdeckung sorgt zudem für anhaltend hohe Luftfeuchtigkeit und somit für beste Voraussetzung, damit deine Schützlinge bald keimen. Dazu reicht oft eine Frischhaltefolie oder eine Glasscheibe. Ein beschriftetes Schildchen erleichtert nach dem Aufgang die Identifizierung.

Um- und auspflanzen
Sobald sich oberirdisches Grün zeigt, brauchen die Sämlinge ausreichend Platz und vor allem Licht. Deshalb sollte man sie bald in größere Gefäße mit frischem Substrat vereinzeln; Gärtner*innen nennt das pikieren. Man fasst die Sämlinge dazu vorsichtig an den Keimblättern und hebt die Wurzel mit einem Hölzchen an, sodass sie beim Herausziehen möglichst wenig beschädigt wird. Lange Pfahlwurzeln allerdings darf man gezielt mit den Fingernägeln abzwicken, damit sie sich besser verzweigen.

Im neuen Gefäß bereitest du mit dem Pikierholz eine ausreichend große Grube, sodass die Wurzeln darin Platz finden, ohne umzubiegen. Denk daran, den jeweils empfohlenen Pflanzabstand einzuhalten! Damit sie guten Bodenschluss bekommen, werden die Wurzeln mit dem Hölzchen seitlich angedrückt und vorsichtig angegossen. Am Ende sollten die Keimblätter genauso hoch stehen wie zuvor.

Wenn die Jungpflanzen kräftig genug sind, dürfen sie ins Freie. Zuvor sollte man sie durch wiederholtes Lüften abhärten und vorsichtig an die UV-Strahlung der Sonne gewöhnen. Mit den frostempfindlichen Arten wartest du allerdings besser die Eisheiligen ab.

Tipp

Die größte Gefahr nach Aussaat oder Pflanzung droht durch Schnecken. Wenn erfahrungsgemäß mit starkem Schneckenbefall zu rechnen ist, solltest du unbedingt geeignete Schutzmaßnahmen ergreifen.

DIREKTSAAT

Robuste Blumen und Kräuter können direkt ins Beet gesät werden. So ersparst du dir und den Pflanzen den Stress des Umsetzens. Der Boden muss für diesen Zweck schon etwas erwärmt und krümelig sein. Dies ist meistens nicht vor März der Fall. Zeitig vor der Saat solltest du den Boden tiefgründig lockern und dabei von unerwünschten Wildkräutern befreien.

Für die Breitsaat nimmt man jeweils eine Handvoll Samen aus der Packung und wirft sie mit lockerem Schwung flächig über das Beet. Eine Reihensaat erleichtert es, die nötigen Pflanzenabstände einzuhalten und später den Boden zwischen den Reihen zu hacken.

Nach der Saat siebt man eine dünne Schicht Reifkompost darüber. Anschließend wird das Saatgut angedrückt oder leicht eingeharkt und in den nächsten Wochen ständig feucht gehalten. Im Schutz einer Vliesauflage keimen und wachsen die Pflänzchen im Frühling etwas zügiger. Das Vlies wird an den Rändern rundherum in die Erde eingegraben oder mit Steinen beschwert.

Nach Aufgang der Saat ist bei Bedarf auszudünnen, das heißt alle zu dicht stehenden Pflänzchen sind zu entfernen. Anschließend nochmals gründlich gießen, damit sich die aufgelockerte Erde wieder dicht um die Wurzeln der verbleibenden Pflanzen schließt!

Vegetative Vermehrung

Viele mehrjährige Blumen und Kräuter sowie Gehölze lassen sich vegetativ vermehren, also nicht aus Samen, sondern durch Teilung oder Bewurzelung bereits gewachsener Pflanzenteile. Das hat unter anderem den Vorteil, dass ihre genetischen Eigenschaften zu 100 % erhalten bleiben.

TEILEN

Am einfachsten funktioniert die Teilung alter Stöcke. Man gräbt dazu im Herbst oder Frühjahr die Wurzeln aus und teilt sie mit dem Messer oder – bei kräftigeren Wurzelstöcken – auch mit dem Spaten. In manchen Fällen (beispielsweise Polsterstauden, Schnittlauch) genügt es sogar, die Wurzeln mit der Hand auseinanderzureißen, um die neu gewonnenen Teile wieder in eine frische, möglichst mit Kompost ausgekleidete Pflanzgrube zu stecken.

Bei Arten, die Trieb- oder Wurzelausläufer bilden wie Pfefferminze oder auch Erdbeeren, ist die vegetative Vermehrung ebenfalls sehr unkompliziert: Man nimmt einfach diese Pflanzenteile ab und setzt sie zur Bewurzelung in lockeres Substrat.

TRIEBE UND STECKLINGE

Bei zahlreichen Stauden und Sträuchern kann man bodennahe Triebe mit einem hölzernen oder metallischen Haken am Untergrund befestigen; dort bilden sie Wurzeln, werden aber weiterhin von der Mutterpflanze versorgt. „Abgenabelt" werden solche Absenker oder Ableger erst, wenn die Wurzeln kräftig genug sind.

Auch die Stecklingsvermehrung ist nicht schwer. Man schneidet dazu im frühen Sommer mit einem scharfen Messer unverholzte, blütenfreie Triebspitzen von 6–10 cm Länge, befreit die unteren zwei Drittel von Blättern und steckt diesen Teil in ein Gemisch aus lockerer Erde, Reifkompost und Sand. Wenn man das Ganze vor praller Sonne geschützt aufstellt, bilden sich innerhalb weniger Wochen Wurzeln. Die feucht-warme Atmosphäre unter einer durchsichtigen Haube beschleunigt diese Entwicklung.

Richtig pflanzen

Viele Gewächse kann man als Jungpflanzen in der Gärtnerei oder dem Gartencenter kaufen. Diese kleinen Pflänzchen können dann direkt in den Garten gesetzt werden. Und auch angewurzelte Stecklinge und erfolgreich gezogene Sämlinge wandern früher oder später an ihren endgültigen Platz im Beet.

Im Frühling werden bevorzugt Gräser, Farne und später blühende Arten gepflanzt. Mit empfindlichen Gehölzen, Immergrünen und Kletterpflanzen wartet man besser bis ins späte Frühjahr. Die Frühjahrsblüher dagegen werden am besten mit den laubabwerfenden Gehölzen im Herbst geteilt und gepflanzt. Soll ein ganzes Beet bepflanzt werden, muss man sich für einen der beiden Jahreszeiten entscheiden.

Vor jeder Neupflanzung muss zunächst der Bewuchs abgehoben werden, um dann den Boden gründlich, etwa spatentief zu lockern. Wurzelunkräuter sind dabei sorgfältig zu entfernen. Für die anspruchsvolleren Arten (zum Beispiel Beet- und Prachtstauden) sollte der Boden besonders feinkrümelig und nährstoffreich sein; dazu kann man nach Bedarf Dünger, Kompost oder Rindenhumus und andere strukturverbessernde Materialien einarbeiten. Wildstauden brauchen's nicht so perfekt, haben dafür aber oft sehr individuelle Ansprüche. Wichtig ist in jedem Fall, die Standortbedingungen und die Pflanzenauswahl eng aufeinander abzustimmen.

Der richtige Pflanzabstand ist nicht nur beim Gemüse wichtig. Am besten verteilst du die Pflanzen zunächst noch mitsamt Töpfen auf der Fläche, so wie sie später gepflanzt werden sollen. Diese kannst du hin- und herrücken und korrigieren, bis es dir gefällt. Am Anfang mag dir das frisch bepflanzte Beet noch recht leer vorkommen, aber keine Sorge: Die Pflänzchen legen ordentlich an Größe zu, wenn sie gut angewachsen sind, und dein Beet füllt sich im Nu. Wenn du nach ein oder zwei Jahren noch immer das Gefühl hast, dass es Lücken gibt, kannst du diese gezielt auffüllen.

Zur Pflanzung selbst solltest du dir einen bewölkten Tag aussuchen. Es empfiehlt sich, die Wurzeln einige Stunden vorher gründlich zu wässern. Achte beim Einsetzen in die Pflanzgrube darauf, dass vorhandene Wurzelballen möglichst unbeschädigt bleiben. Dazu muss das Pflanzloch unbedingt groß genug sein. Eine Zugabe von reifem Kompost regt die Wurzelbildung an. Nachdem die Grube rundum wieder mit Substrat aufgefüllt ist, drückt bzw. tritt man die Erde an, damit die Wurzeln guten Bodenschluss erhalten. Schließlich darf ausgiebig angegossen und bei Bedarf auch in den folgenden Wochen noch mal gewässert werden.

Pflanzenpflege

Gießen, Jäten, Düngen – ein Garten kann mitunter ziemlich viel Arbeit machen. Es gibt aber ein paar Tricks, um diesen Arbeitsaufwand in Grenzen zu halten. Das schafft nicht nur mehr Zeit für dich und für das Genießen deines grünen Paradieses, du greifst damit auch weniger intensiv in deinen natürlich regulierten Garten ein.

Richtig gießen

Der Wasserbedarf einer Pflanze lässt sich schon im Jugendstadium steuern. Werden die Jungpflanzen nämlich durch häufiges Gießen verwöhnt, bilden sie ein schwächeres Wurzelwerk aus. Auch später ist es besser, erst zu gießen, wenn der Boden wirklich ausgetrocknet ist. Dann aber darf durchdringend gewässert werden – etwa zwei Gießkannen voll pro Quadratmeter. So gewöhnen sich die Pflanzen daran, vorhandenes Wasser mit ihren Wurzeln aus tieferen Zonen zu holen.

Bevorzugt sollte abends oder – noch besser – morgens gegossen werden. Optimal wäre Quellwasser oder auch sauberes Regenwasser, das man in einem geeigneten Auffangbehälter sammelt. Im Einzelfall ist freilich auch auf den individuellen Bedarf zu achten. Eine Tröpfchenbewässerung kann das kostbare Nass besonders zielgerecht und sparsam an die Wurzeln bringen.

Bodenpflege

Zur Verbesserung der Bodenstruktur sollte der Boden regelmäßig gelockert und belüftet werden, vor allem aber im zeitigen Frühjahr. Dabei werden auch Unkräuter und deren Wurzeln entfernt.

Eine Bodenbedeckung, von erfahrenen Gärtner*innen als „Mulch" bezeichnet, erfüllt zahlreiche Funktionen:

- Er bietet Schutz gegen heftige Niederschläge, die zu Auswaschungen und Strukturschäden führen.
- Das Wachstum von Unkräutern wird unterdrückt.
- Die Feuchtigkeit bleibt länger im Boden.
- Extreme Temperaturschwankungen werden ausgeglichen.
- Bei der Zersetzung der organischen Substanzen werden Nähr- und Humusstoffe frei.

Deshalb ist Mulch wertvoll, besonders auf Sandböden. Die genannten Wirkungen kommen am besten in der sommerlichen Hitze zum Tragen sowie im Winter. Im Frühjahr dagegen behindert eine Mulchdecke die rasche Bodenerwärmung und würde nur den Schnecken Unterschlupf gewähren.

Zum Mulchen kann man alle zerkleinerten, abgestorbenen Pflanzenteile verwenden, die frei sind von Krankheitskeimen und Unkrautsamen. Rasenschnitt neigt frisch zum Verfilzen; man lässt ihn daher vor dem Ausbringen vortrocknen.

Der wunderbare Lebenszyklus

Kompost ist der Stein der Weisen des Gärtners: Auf magisch anmutende Weise wird dabei die unvorstellbare Zahl an Bodenorganismen genutzt, um abgestorbene Pflanzenreste wieder in den Kreislauf des Lebens zurückzuführen und Humus zu erzeugen, der das Geheimnis einer dauerhaften Fruchtbarkeit beherbergt.

Daher lohnt es auf jeden Fall, sich intensiv mit der Herstellung eines guten Komposts zu beschäftigen, um die pflanzlichen Abfälle im Laufe einer fachgerecht gelenkten Rotte in wertvollstes Substrat zu verwandeln. Wichtig dabei ist eine locker-luftige und ausgewogene Mischung aus strohig-trockenem und frischgrünem Material. Dabei ist es egal, ob du in einer offenen Miete oder in einem Behälter kompostierst.

Geerntet werden kann unter günstigsten Umständen bereits nach einem Vierteljahr. Man spricht dann vom nährstoffreichen und stark belebten Rohkompost. Nach einer mindestens halbjährigen Rotte dagegen hat er eine stabilere Struktur. Dieser Reifkompost eignet sich vorrangig zur nachhaltigen Bodenverbesserung.

Düngeregeln

Im naturgemäßen Garten sind organische Düngemittel zu bevorzugen. Die Nährstoffe darin sind meist langsamer verfügbar, was zu einer harmonischeren Ernährung beiträgt und Überdüngung nahezu ausschließt. Am besten werden die Gaben zu Beginn der Wachstumssaison verabreicht. Für die Humusversorgung unverzichtbar ist Reifkompost.

Da die durchschnittlichen Gartenböden oft mit Kalium und vor allem Phosphor überversorgt sind, sollte sich die Düngung auf die Stickstoffzufuhr konzentrieren. Hierfür stehen Düngemittel auf der Basis von Horn- und Blutmehl zur Verfügung. Organische Volldünger enthalten häufig auch phosphorbetonte Zusätze von Guano oder Knochenmehl. Für eine rascher wirksame Stickstoffzufuhr sorgen Rizinus-, Raps- oder Lupinenschrot sowie selbstgemachte Düngejauchen, zum Beispiel aus Brennnessel oder Beinwell.

Die Herstellung von Pflanzenjauche

In der Regel kommen etwa 1 kg frisches bzw. 150 g getrocknetes Kraut auf 10 l Wasser. Fülle die frischen, zerkleinerten Kräuterteile gemeinsam mit kaltem, weichem Wasser (zum Beispiel Regenwasser) in ein ausreichend großes Gefäß (kein Metall!). Gelegentliches Umrühren und die Zugabe von Gesteinsmehl harmonisieren den Prozess. Nach zwei bis vier Wochen ebbt das Geblubber ab und die Gärung ist abgeschlossen. Nun kann etwa ein Teil Jauche mit zehn Teilen Gießwasser vermischt und auf die Wurzeln der Pflanzen ausgebracht werden (nicht über das Blattwerk gießen, da dies zu Verbrennungen führen kann).

Vorbeugung für gesunde Pflanzen

In einem natürlich bewirtschafteten, ausgewogenen Garten sind die Pflanzen durch Nützlinge vor übermäßigem Schädlingsfraß geschützt und verfügen über eine natürliche Selbstheilungskraft.

Die wirkungsvollste Vorbeugung gegen Krankheiten und übermäßigen Schädlingsbefall liegt darin, von Anfang an die Bedürfnisse seiner Pflanzen zu kennen und für sie günstige Wachstumsbedingungen zu schaffen. Nur am richtigen Standort können die Ansprüche an die Licht-, Wärme-, Feuchtigkeits- und Bodenverhältnisse erfüllt werden und eine ausgewogene Düngung fördert gesundes Wachstum.

Die meisten tierischen Schädlinge haben ihre natürlichen Feinde, die uns als Helfer dienen. Dazu gehören Vögel, Igel, Frösche, Blindschleichen und Maulwürfe ebenso wie Marienkäfer, Florfliegen, Schlupfwespen oder Raubwanzen. Wenn im Garten ein ökologisches Gleichgewicht herrscht, stellen sich diese Nützlinge von selbst ein (siehe S. 42). Um sie zu fördern, kann man im Garten entsprechende Lebensräume schaffen.

Schon immer ist das Wetter für Gärtner*innen ein Thema, doch in den letzten Jahren hat sich die Thematik verschärft. Zwar erweitert das vielerorts wärmere Klima die Anbaumöglichkeiten. Aber heftige Stürme, Unwetter und Überschwemmungen, vor allem aber anhaltende Hitze und Trockenheit in etlichen Regionen bereiten dem Pflanzenbau zunehmend Schwierigkeiten. Eine effektive und gleichzeitig sparsame Bewässerung sowie Schattierungs- und Schutzmaßnahmen gewinnen daher an Bedeutung.

Nicht zuletzt ist Hygiene ein nicht zu unterschätzender Faktor: Du kannst einem Befall wirkungsvoll vorbeugen, indem du krankheits- oder schädlingsbefallene Pflanzenteile regelmäßig entfernst.

Sollten sich doch einmal Krankheiten oder Schädlinge eingenistet haben, derer du mit Nützlingen und Geduld allein nicht Herr werden kannst, muss es dennoch nicht gleich die Chemiekeule sein. Zahlreiche Schädlinge lassen sich mit mechanischen Barrieren (Schneckenzaun, Pflanzenschutznetz) oder Abschreckungsmitteln (Duftstoffe, Vogel- und Kaninchenscheuche) von ihren Opfern fernhalten.

Und auch gegen viele Pflanzenkrankheiten ist ein Kraut gewachsen: Die Heilwirkung mancher Pflanzen lässt sich nämlich auch zum Wohle unserer Gartenpflanzen einsetzen. Kräuterjauchen und -brühen, Tees und Kaltwasserauszüge lassen sich mit einfachen Rezepturen selbst herstellen. Die Präparate werden dann zumeist verdünnt auf Boden oder Pflanzen ausgebracht. So hält Knoblauch beispielsweise Mäuse fern und Läuse mögen den Geruch von Kapuzinerkresse ganz und gar nicht.

DER HEXEN-GARTEN

Der Elementegarten – Pflanzen für jede Lebenslage

Ob man „Feuer und Flamme für etwas ist", „sich leicht wie eine Feder" fühlt oder „mit beiden Beinen fest auf dem Boden steht" – die Elemente Feuer, Wasser, Erde und Luft sind in unserer Kultur, Sprache und unserem Alltag fest mit sinnbildlichen Eigenschaften und Themen verknüpft. Auch die praktische Grüne Magie bedient sich der symbolischen Kraft der Elemente, um Zauber und Rituale zu strukturieren und zu verstärken.

Die Elemente in der Magie

Seit der griechischen Antike besteht in der westlichen Kultur die Vorstellung, dass alle Dinge, alle Wesen, Pflanzen und Energien sich aus einer Mischung der vier grundlegenden Elemente Erde, Wasser, Feuer und Luft zusammensetzen. Den traditionellen vier Elementen wird häufig noch ein fünftes, alles verbindendes Element an die Seite gestellt, das als Geist, Spirit oder Äther bezeichnet wird. Es steht für die Gesamtheit aller Dinge, für die universelle Liebe und für das Göttliche in der Welt. Den einzelnen Elementen werden dabei bestimmte Eigenschaften und Themen zugeordnet, die sich durch den Einsatz des Elements verstärken lassen. Je nachdem, welches Element überwiegt, treten besondere Wesenszüge, die ihm zu eigen sind, verstärkt zutage.

Die Einteilung der Element-Theorie in vier oder fünf Kategorien ist auch im Alltag allgegenwärtig: Unsere Himmelsrichtungen unterliegen beispielsweise den Elementen. So wird der Osten mit der Luft, der Süden mit dem Feuer, der Westen mit dem Wasser und der Norden mit der Erde in Verbindung gebracht. Auch die vier Jahreszeiten, Sternzeichen, Tageszeiten, Farben, Edelsteine und die Symbole eines traditionellen Tarotkartendecks kann man so unterteilen. Ebenso lassen sich Pflanzen, Tiere und sogar menschliche Eigenschaften und Lebensthemen einem oder mehreren Elementen zuordnen. Dies macht sich eine Hexe auch in der magischen Praxis zunutze: Zauberkräftige Zutaten und Handlungen lassen sich durch ihre Verbindung zu einem der Elemente kategorisieren und Zauber und ihre Themen unter Einsatz eines bestimmten Elements verstärken.

Dein Garten benötigt die Energien aller Elemente, um zu gedeihen und zu wachsen: In fruchtbarer Erde finden Wurzeln Halt und Nahrung, wachsen Pflanzen vom Sämling zum großen Baum heran und vergehen nach ihrem Tod wieder zu Humus, der der nächsten Generation von Pflanzen ein Zuhause bietet. Wasser ist der Quell des Lebens.

Regen und Gießwasser tränken den Boden und lassen die Pflanzen grün und saftig werden. Luft ist das Medium für den Austausch von Kohlendioxid und Sauerstoff, durch den die Pflanzen in einer engen und unabdingbaren Verbindung zu allen atmenden Lebewesen stehen. Und das Licht und die Wärme der Sonne, der sich alle Pflänzlein entgegenrecken, nutzen sie in der Photosynthese, um Energie und Sauerstoff zu produzieren.

Fehlt eines dieser Elemente oder ist ein anderes zu stark ausgeprägt, kann dein Garten nicht gedeihen, die Pflanzen kränkeln, sind anfällig für Schädlinge oder weniger fruchtbar oder sterben sogar. Für einen gesunden und energiereichen Garten solltest du darauf achten, ein gesundes Gleichgewicht zwischen den Elementen herzustellen und auf die individuellen Bedürfnisse der Pflanzen einzugehen.

Feuer

Feuer ist der Himmelsrichtung Süden zugeordnet und nimmt das südliche Viertel deines Ritualkreises ein. Das Element steht symbolisch für den Mittag mit seiner Sonnenkraft und Hitze und wird mit Themen wie Wut, Kraft, Liebe, Sex, Leidenschaft sowie Handlungsdrang und Motivation in Verbindung gebracht. Die Farben des Feuers sind Rot und Orange.

Wasser

Das Wasser steht für die Himmelsrichtung des Westens und sitzt im westlichen Teil deines Ritualkreises. Das fließende Element steht für Heilung, Reinigung, tiefe Emotionen und verborgenes Wissen, aber auch für Prozesse des Loslassens, der Umwandlung und Bewegung. Die Farben des Wassers sind alle Blautöne.

Erde

Erde wird mit der Himmelsrichtung Norden assoziiert. Es regiert das nördliche Viertel deines Ritualkreises. Die Eigenschaften des Elements sind Solidarität, Beständigkeit, Stärke und Ausdauer. Erde steht für Fruchtbarkeit, Wachstum und Stabilität, aber auch für Dunkelheit, Verbannung, Ahnenverehrung, Trauer, Schutz und Halt. Die Farben der Erde sind Braun, Schwarz oder dunkles Grün.

Luft

Das Element Luft regiert das östliche Viertel deines Ritualkreises und ist dieser Himmelsrichtung zugeordnet. Hier geht die Sonne auf. Das Element steht daher für Anfänge, Neubeginne und Klarheit und wird mit mentalen Prozessen, Intelligenz und Denken in Verbindung gebracht. Die Farben, mit der das Element assoziiert wird, sind meist meist Weiß oder Hellgrau.

Spirit

Das fünfte Element, oft „Spirit" oder „Geist" genannt, ist keiner Himmelsrichtung zugeordnet. Im Ritualkreis ist es die Mitte oder das Oben und Unten. Der Geist ist oben wie unten, innen und außen. Spirit gilt als die Nabe des Rads und die Spitze des Pentagramms. Im Ritualkreis können es die Götter sein, die den Geist verkörpern oder das Thema des Zaubers selbst. Der Spirit umfasst alle Farben.

Ein paar Worte zu den Beetplänen

In diesem Buch stelle ich dir insgesamt fünf Beetkonzepte vor: je eines für die vier Elemente Erde, Wasser, Feuer und Luft sowie für das fünfte Element, den „Spirit", im Zentrum des Gartens. Dort kannst du mit einem Topfgarten individuelle Schwerpunkte setzen.

Für jedes der Beete erläutere ich grundlegende magische Praktiken und Zuständigkeiten sowie Korrespondenzen der einzelnen Elemente. Die Pflanzen, die ich in den Porträts vorstelle, sind vorwiegend heimische alte Zauberpflanzen, die traditionell für die typischen Themen des Elements angewendet wurden und sich für eine Vielzahl von Zaubern eignen.

Dazu zeige ich dir auch beispielhaft, wie du diese Pflanzen in Zaubern und Ritualen verwenden kannst. Um die Kraft deines Gartens weiter zu verstärken, stelle ich dir zudem vor, wie du deine Elementebeete zusätzlich dekorieren und gestalten kannst.

Die übersichtlichen Beetpläne und Pflanzentabellen machen dabei das Planen und Anlegen deines Hexengartens zum Kinderspiel. Natürlich musst du aber deinen Garten nicht nach genau diesem Muster anlegen! Nicht jede*r kann schließlich einen großen Hofgarten sein*ihr Eigen nennen, den er oder sie nach Lust und Laune umgestalten kann. Aber auch, wenn du „nur" einen kleinen Garten, einen Balkon oder eine Fensterbank zur Verfügung hast, kannst du dich bei deiner Pflanzenauswahl und Beetgestaltung an diesen Plänen orientieren, um dir beispielsweise mit ein paar Feuerpflanzen mehr Energie und Motivation in dein Umfeld zu holen.

Außerdem solltest du bei der Wahl der Pflanzen auch immer deiner eigenen Intuition folgen. Als Grüne Hexe ist es wichtig, dich selbst mit den Zuordnungen und Aufgaben einer Pflanze auseinanderzusetzen und gegebenenfalls ein anderes Gewächs für dein Beet zu wählen, wenn die Korrespondenz des von mir vorgeschlagenen Krauts für dich nicht ersichtlich ist. Wenn du beispielsweise ein Beet zum Thema Schutz- und Bannzauber anlegen möchtest, kann es sein, dass du mit den Schwingungen des giftigen Bilsenkrauts nicht recht harmonieren magst. Stattdessen hast du aber eine starke Affinität zur reinigenden und schützenden Aura des Salbeis – dann pflanze gern einen Salbeistrauch in dein Beet!

Lasse dich von den vielen vorgestellten Zauberpflanzen und den Beetvorschlägen in diesem Buch inspirieren und kreiere deinen ganz persönlichen Hexengarten, der perfekt auf deine Bedürfnisse und Gegebenheiten abgestimmt ist.

Segnungsritual zur Aktivierung deines Hexengartens

Du hast deine Gartenplanung abgeschlossen und deine Kräuter gepflanzt. Jetzt ist es an der Zeit, deinen Garten in einen magischen Garten zu verwandeln. Mit diesem Ritual lädst du die einzelnen Elemente ein, deinen Garten mit ihrer Anwesenheit zu bereichern und zu segnen. Elementarwesen oder Naturgeister sind wie gute Geister und Freunde, die dir bei deiner Grünen Magie kraftvoll zur Seite stehen können, deine Schützlinge beim Wachsen und Gedeihen unterstützen und dir helfen, die Bindung zu deinem Garten und der Welt der Pflanzen zu verstärken.

Du benötigst:

- Eine Kerze oder eine kleine Feuerstelle
- Eine Schale Quellwasser oder Mondwasser (siehe S. 97)
- Räucherschale, Kohle, Sand, Räuchermischung
- Kleine Bergkristalle oder andere Edelsteine
- Ein wenig Erde aus deinem Garten
- Holundersaft
- Mehl
- Optional: Trommel, Klangschale oder Rassel

So geht's:

1. Stelle dich in die Mitte deines Gartens, dort, wo sich alle Elemente vereinen.
2. Zünde deine Räucherkohle an und bestücke sie mit Räucherwerk. Stelle die Schale in Richtung Osten vor dich. Die entzündete Kerze sollte im Süden stehen, die Wasserschale im Westen und die Steine legst du im Norden vor dir ab.
3. Nun wende dich zuerst Richtung Osten. Begrüße die Ost-Energien und lade sie ein, an deinem Ritual teilzunehmen. Das geht am besten, wenn du deine eigenen Worte wählst. Ich begrüße sie so: *„Ich rufe die Kräfte des Ostens herbei, die Mächte der Lüfte, der Winde und der geflügelten Wesen. Euch zu Ehren habe ich den heiligen Rauch der Pflanzenwesen entzündet. Ich bitte euch zu mir in meinen Kreis, begleitet und segnet dieses Ritual."*

4 Dann wende dich in den Süden und sprich: *„Ich rufe die Mächte des Südens, die Kräfte des Feuers, der Sonne und der Drachenwesen. Euch zu Ehren entzünde ich diese Kerze (dieses Feuer). Ich bitte euch zu mir in meinen Kreis, begleitet und segnet dieses Ritual."*

5 Nun wende dich in den Westen mit folgenden Worten: *„Ich rufe die Mächte des Westens herbei, die Kräfte des Wassers und der Nixen und Undinen. Euch zu Ehren steht hier diese Schale mit Wasser. Ich bitte euch zu mir in meinen Kreis, begleitet und segnet dieses Ritual."*

6 Zum Schluss wende dich an den Norden und sage: *„Ich rufe die Mächte des Nordens herbei, die Kräfte der Mutter Erde, der Dunkelheit und der Erdwesen. Euch zu Ehren opfere ich diese edlen Steine. Ich bitte euch zu mir in meinen Kreis, begleitet und segnet dieses Ritual."*

7 Dann stelle dich in die Mitte deines gedachten Kreises oder deines Gartens und sprich: *„Alle Elemente sind vereint, alle Energien versammelt. Ich opfere nun den Kräften der Luft, des Feuers, des Wassers und der Erde, auf dass mein Garten wachsen und gedeihen möge."*

8 Nimm eine Hand voll Mehl und puste es kräftig in die vier Himmelsrichtungen. Sprich: *„Ihr Luftwesen, nehmt diese Opfergabe an, damit mein Garten wachsen und gedeihen kann."*

9 Nun nimm deine Räucherschale und puste den Rauch des Räucherwerks jeweils in die vier Himmelsrichtungen und sprich dabei: *„Ihr Feuerwesen, nehmt diese Opfergabe an, damit mein Garten wachsen und gedeihen kann."*

10 Jetzt verteile ein bisschen des Wassers aus deiner Schale jeweils in die vier Himmelsrichtungen und sprich: *„Ihr Wasserwesen, nehmt diese Opfergabe an, damit mein Garten wachsen und gedeihen kann."*

11 Nimm nun deine Gartenerde in die Hände und mische diese mit den kleinen Edelsteinen. Dann verteile ein wenig davon in jedem deiner Elementbeete und sprich dabei: *„Ihr Kräfte der Erde, nehmt diese Opfergabe an, damit mein Garten wachsen und gedeihen kann."*

12 Danach stelle dich in die Mitte deines Gartens und gieße den Holundersaft vor dir aus. Sprich: *„Das Blut der Mutter Erde zum Ursprung gehen werde, damit alles gut gedeiht, das bitte ich für jetzt und für alle Zeit."*

13 Nun kannst du noch in der Kreismitte weiter räuchern, rasseln, trommeln oder meditieren.

14 Dann löse den Kreis auf, indem du dich mit eigenen Worten bei den Elementaren bedankst. Ich verwende diese Abschlussworte: *„Ich danke den Kräften des Ostens, der Lüfte Kraft, habt auf meinen Garten bitte Acht. Gehet in Frieden und mit Macht."*

„Ich danke den Kräften des Südens, des Feuers Kraft, habt auf meinen Garten bitte Acht. Gehet in Frieden und mit Macht."

„Ich danke den Kräften des Westens, des Wassers Kraft, habt auf meinen Garten bitte Acht. Gehet in Frieden und mit Macht."

„Ich danke den Kräften des Nordens, der Erde Kraft, habt auf meinen Garten bitte Acht. Gehet in Frieden und mit Macht."

ELEMENT FEUER

Das Element Feuer in der Magie

Von allen Elementen ist Feuer das flüchtigste. Es benötigt mindestens ein anderes der Elemente, um überhaupt zu existieren. Seine Hitze kann zerstörend und bedrohlich wirken. Zugleich ist Feuer aber auch überlebenswichtig, es schenkt uns Licht, Wärme und Energie. In der Feuermagie machen wir uns die schnelle Wirkungskraft dieses Elementes zunutze. Feuerenergie kommt insbesondere beim Orakeln und in der Küchenmagie zum Einsatz, denn auch Kochen kann magisch sein.

Feuer

auf einen Blick

Themen: Kreativität, Sexualität, Antrieb, Durchsetzungskraft, Energie, Zerstörung, Transformation

Jahreszeit: (Hoch-)Sommer

Jahreskreisfeste: Beltane, Sommersonnenwende

Himmelsrichtung: Süden

Tageszeit: Mittag

Farben: Gelb, Rot, Orange

Sternzeichen: Widder, Löwe, Schütze

Kräuter und Pflanzen: Mediterrane Gewächse, sonnen- und trockenheitsliebende Pflanzen, gelb-, orange- und rotblühende Pflanzen und solche mit strahlenförmigen Blütenköpfen, Zitrusfrüchte

Bäume: Palme, Pappel, Ilex, Brombeere, Stachelbeere, Obstbäume

Symbole: Sonne, Blitz, Kerze, Flamme, Salamander, Drache, Thorshammer

Gottheiten: Lugh, Baldur, Loki, Helios, Sole, Belenos, Mars/Ares, Hephaistos, Morrigan, Astarte, Cerridwen

Elementarwesen: Phönix, Drache und Salamander

Edelsteine: Granat, Karneol, Bernstein, Aventurin, Rubin, Lavagestein und Obsidian

Feuer und Flamme

Wie alle Elemente vereint das Feuer eine starke Dualität aus lebensschaffend und zerstörend in sich: Die verzehrende Hitze des Feuers steht in der Magie symbolisch für Kraft, Energie, Stärke und Neubeginn. Seine Zerstörungskraft transformiert Altes und schafft die Grundlage für neues Leben, es wärmt und erhellt uns. Das Element steht sprichwörtlich für Leidenschaft, Begeisterung sowie Liebe und Sexualität: Man kann vom „Feuer der Leidenschaft" verzehrt werden, „Feuer und Flamme für etwas sein" oder „für etwas brennen". Aufgrund seines eher aktiven, kraftvollen, aber auch manchmal impulsiven und zerstörerischen Charakters wird das Element dem männlichen Prinzip zugeordnet.

Die Feuerkraft ist eine Energie, die man nicht unterschätzen darf. Sie agiert schnell und entschlossen und, wenn sie nicht beherrscht wird, unkontrollierbar und gefährlich. Diese Eigenschaften weisen auch die Gottheiten auf, die dem Feuerelement zugeordnet sind: Sie sind hochemotional, unberechenbar, teilweise kriegerisch, aber auch sehr wandlungsfähig und mächtig. Die Jahreszeit, die das Element am besten repräsentiert, ist die Hitze des Hochsommers, wenn die glühende Sonne zur Mittagszeit im Süden ihre volle Kraft erreicht und unbarmherzig alles versengt, was nicht stark genug ist, zu widerstehen oder sich zu schützen. Der wärmeschenkenden Kraft der Sonne wird zum Fruchtbarkeisfest Beltane und zur Sommersonnenwende gedacht. Symbolisiert wird das Element durch das Sonnenrad, Flammenmotive sowie durch wärmeliebende (Elementar-)Wesen wie Salamander und andere Reptilien, Drachen und der sich immer wieder erneuernde Phönix.

Die Energie des Feuers magisch nutzen

Feuersymbolik spielt in der Hexerei bei fast allen magischen Handlungen eine große Rolle. Meist kommt es in Form einer Kerze zum Einsatz. Auch die Rückstände, die ein Feuer hinterlässt, wie zum Beispiel Asche, können magisch sein. Beim Zaubern ist Feuer eine machtvolle Unterstützung. Zur Feuermagie zählen alle Zauber der Liebe, Sexualität und Eigenliebe, auch Rituale für Kraft, Kreativität und des inneren Antriebes. Energetisierende magische Aktivitäten wie Trommeln, Tanzen oder Chanten aktivieren deine innere Kraft und gehören zur Feuermagie. Auch die sogenannte „Küchenmagie" arbeitet vornehmlich mit diesem Element: Alle Arten der Zubereitung von Speisen fallen in den Zuständigkeitsbereich des Feuerelements.

- Schreibe Wünsche oder Unerwünschtes auf ein Stück Papier und übergib dieses dem Feuer.
- Trage die Asche von verbrannten Kräutern oder Hölzern in Zauberbeuteln zum Schutz oder als Stärkung bei dir.
- Nutze verkohlte Holzreste als magische Kreide, um damit dein Haus zu segnen oder auf dem Boden magische Zeichen zu malen.
- Gestalte einen rituellen Feuertanz, um dich selbst mit der Kraft des Feuers aufzuladen.
- „Bespreche" Lebensmittel beim Kochen oder Grillen über dem Feuer, um diese Kräfte innerlich nutzbar zu machen.
- Meditiere mit der Feuerkraft, um eigene Blockaden zu erkennen und zu lösen (S. 90).

Kerzenmagie

Die Kerzenmagie ist eine der einfachsten Arten, einen Zauber durchzuführen. In seiner schlichtesten Form zündet man eine Kerze an und denkt an jemanden oder wünscht sich etwas – das kennt auch jede Nicht-Hexe vom Ausblasen der Kerzen auf dem Geburtstagskuchen.

Die Farbschwingung der Kerzen kann den Zauber zusätzlich unterstützen. Wähle dann eine Farbe, die du persönlich mit dem Thema in Verbindung bringst, z.B. Rosa für Romantik oder Grün für Überfluss, Wachstum und Wohlstand (siehe S. 28 für passende Farben in der Kerzenmagie). Die richtige Farbe ist aber nicht essenziell für das Gelingen des Zaubers. Im Zweifel kannst du immer eine weiße Kerze wählen. Dein Zauber verstärkt sich, wenn du dabei auf die Mondphasen achtest: Bei zunehmendem Mond behandelst du Themen, die du anziehen möchtest. Der abnehmende Mond hilft dir dabei, Dinge loszulassen oder von dir abzuwenden. Bei Vollmond sind alle Zauber kraftvoll.

Du benötigst:

- Durchgefärbte Stabkerze in passender Farbe
- (Mond-)Wasser (S. 97)
- Meersalz
- Sonnenblumenöl oder magisches Öl (S. 183)
- Spitzer Gegenstand wie Nadel, Ritualdolch etc.
- Optional: gemörserte Blüten und Pflanzen, die zu deinem Thema passen
- Optional: Räucherstäbchen/Räucherwerk

So geht's:

1. Reinige die Kerze mit Salzwasser. Das ist ein sehr wichtiger Schritt und sollte nicht vergessen werden. Es neutralisiert alle negativen Energien, die die Kerze vielleicht in sich trägt.
2. Salbe die Kerze mit Öl. Achte auf die Richtung, in welcher du die Kerze einreibst: Wenn du etwas anziehen möchtest (zum Beispiel Liebe, Geld, Gesundheit), reibe die Kerze von oben bis hin zur Mitte ein und dann von unten bis hin zur Mitte. Um etwas von dir wegzuschicken oder abzustoßen, beginne mit dem Einreiben in der Mitte der Kerze und gehe von dort aus zu den Enden.
3. Visualisiere deinen Wunsch: Während du die Kerze salbst, solltest du dir klar und deutlich vorstellen, wie dein Wunsch in Erfüllung geht.
4. Du kannst deinen Zauber verstärken, indem du deinen Wunsch in die Kerze einritzt. Dazu reicht es, wenn du ein oder mehrere Stichpunkte oder einen Satz in die Kerze ritzt.
5. Optional kannst du nun deine Kerze in den getrockneten Pflanzen wälzen, die du vorher im Mörser klein gemahlen hast.
6. Die Kerze sollte unbedingt auf einmal abbrennen! Am wirkungsvollsten ist es, wenn du die ganze Zeit bei der Kerze wachst und über deinen Wunsch und seine Erfüllung nachdenkst.
7. Wichtig: Die Wachsreste der geweihten Kerze solltest du nicht wieder verwenden, sondern umgehend vergraben oder entsorgen.

Tipp

Wähle eine Kerze mit passender Brenndauer, damit du bis zum Ende dabei bleiben kannst. Sollte die Kerze doch unbeaufsichtigt brennen müssen (zum Beispiel über Nacht), ist ein Abbrennen in der Badewanne am sichersten.

Das Feuerbeet

Hole die Sonne in dein Beet mit Blüten in kräftigen Rot-, Orange- und Gelbtönen. Viele der Pflanzen in diesem Beet blühen im Hochsommer und bevorzugen sonnige und trockene Standorte. Ich verwende am liebsten heimische Pflanzen in den Beetplänen, aber wenn du möchtest, kannst du dich im Feuerbeet an der Kultivierung von scharfen Chilisorten, frischen Zitruspflanzen und wärmendem Ingwer versuchen. Du kannst das Element auch in Form einer Feuerstelle oder schön gestalteter Beleuchtung in den Gartenbereich einbringen, beispielsweise mit magisch gestalteten Windlichtern oder Fackeln. Zusätzlich kannst du das Element mit Tritt- oder Randsteinen in Orange-, Gelb- oder Rottönen verstärken.

- **Feuerpflanzen für Kraft und Energie:** Scheinsonnenhut, Ringelblume, Sonnenblume, Kamille, Rose, Johanniskraut, Engelwurz, Sonnenhut
- **Feuerpflanzen für Kreativität und neue Ideen:** Odermennig, Goldrute, Sonnenblume, Quendel, Kamille, Rose
- **Feuerpflanzen für Geld- und Wohlstandszauber:** Sonnenblume, Odermennig, Goldrute, Scheinsonnenhut, Rotklee, Goldrute, Arnika, Königskerze, Mohn
- **Feuerpflanzen für Schutzzauber:** Brennnessel, Engelwurz, Quendel, Kamille, Rosmarin, Karde, Schafgarbe, Mutterkraut
- **Feuerpflanzen für Heilungszauber:** Johanniskraut, Ringelblume, Kamille, Arnika, Scheinsonnenhut, Kapuzinerkresse, Schafgarbe
- **Feuerpflanzen für Liebe und Erotik:** Liebstöckel, Kamille, Gänseblümchen, Rose, Rosmarin, Frauenmantel, Mohn, Rotkleeblüten

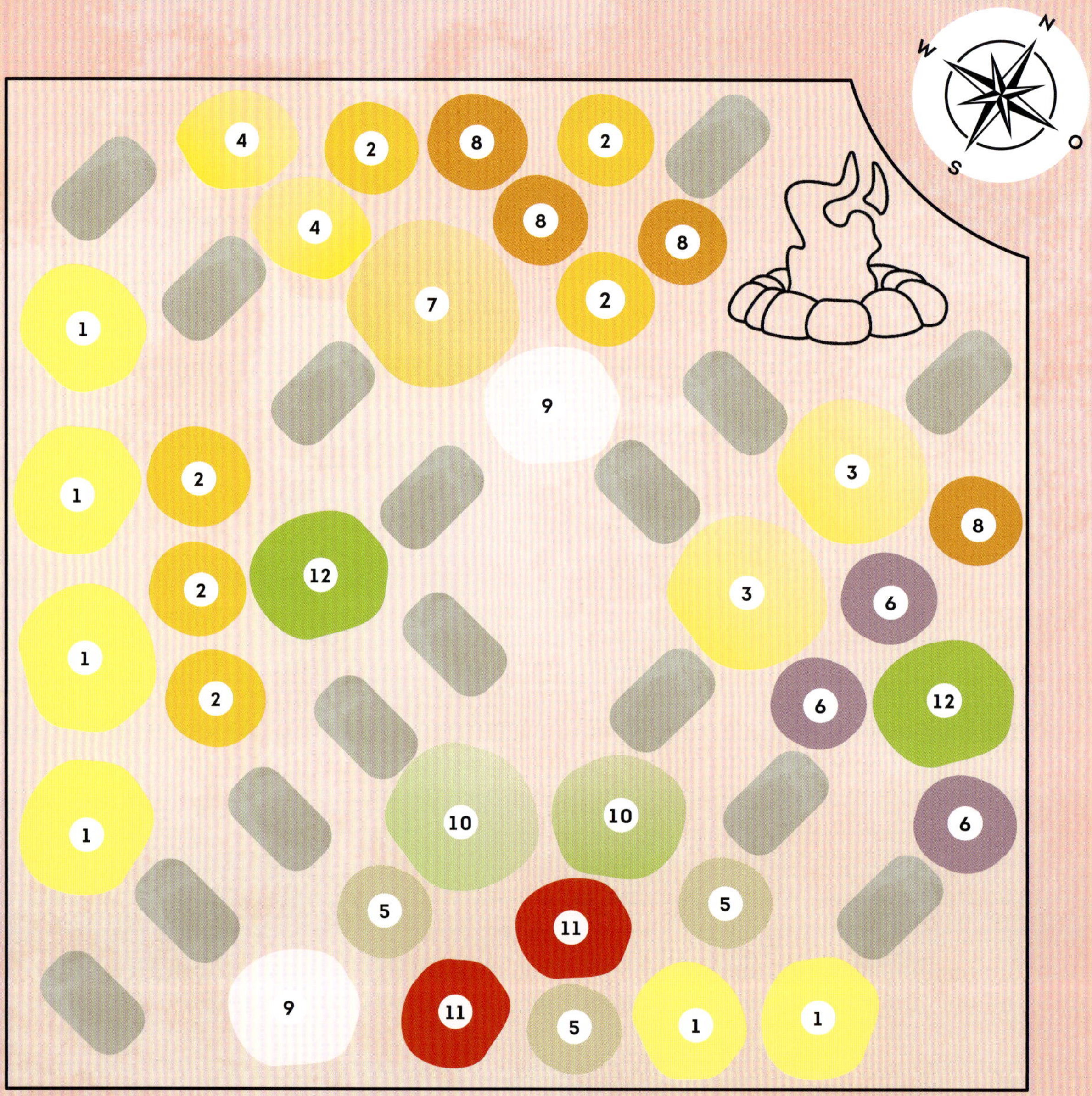

4x4m

	PFLANZEN-NAME BOTANISCH	PFLANZEN-NAME DEUTSCH	LICHT-BEDARF	WASSER-BEDARF	STANDORT-ANSPRUCH, NÄHRSTOFF-BEDARF	SAAT-/PFLANZ-ZEITRAUM	ANMER-KUNGEN
1	*Hypericum perforatum*	**Echtes Johanniskraut**	Sonne	gering bis mäßig	nährstoffarmer Boden	Frühjahr	mehrjährig
2	*Calendula officinalis*	**Garten-Ringelblume**	Sonne	mäßig	guter Gartenbo-den	Frühjahr	einjährig
3	*Inula helenium*	**Echter Alant**	Sonne	mäßig bis hoch	Lehmboden	Frühjahr	mehrjährig
4	*Agrimonia eupatoria*	**Gemeiner Odermennig**	Halbschatten	mäßig	lockerer Boden	Frühjahr und Herbst	mehrjährig
5	*Matricaria chamomilla*	**Echte Kamille**	Sonne	gering bis mäßig	nähstoffreicher Boden	Frühjahr	einjährig
6	*Thymus pulegioides*	**Quendel**	Sonne	gering	trockener Boden	Frühjahr	mehrjährig
7	*Solidago virgaurea*	**Einheimische Goldrute**	Sonne	gering	jeder Boden	Frühjahr	mehrjährig
8	*Arnica montana*	**Echte Arnika**	Sonne bis Halbschatten	mäßig	kalkarmer Boden	Frühjahr und Hochsommer	mehrjährig
9	*Tanacetum parthenium*	**Mutterkraut**	Sonne bis Halbschatten	mäßig	Lehmboden	Frühjahr	mehrjährig
10	*Angelica archangelica*	**Echte Engelwurz**	Sonne bis Halbschatten	mäßig	tiefer Boden	Spätsommer	mehrjährig
11	*Echinacea purpurea*	**Scheinsonnenhut**	Sonne	gering	jeder Boden	Herbst	mehrjährig
12	*Levisticum officinale*	**Liebstöckel**	Sonne bis Halbschatten	mäßig	Gartenboden	Frühjahr oder Herbst	mehrjährig
			WEITERE PFLANZEN FÜR DAS FEUER-BEET				
	Verbascum densiflorum	**Königskerze**	Sonne	gering	kalkhaltiger Boden	Sommer, blüht erst im zweiten Jahr	zweijährig
	Urtica dioica	**Brennnessel**	Sonne bis Halbschatten	gering	jeder Boden	Sät sich selbst aus und durch Wur-zelstockteilung	mehrjährig
	Alchemilla xanthochlora	**Frauenmantel**	Sonne bis Halbschatten	mäßig	feuchter Boden	zeitiges Fühjahr	mehrjährig
	Bellis perennis	**Gänseblümchen**	Sonne	mäßig	jeder Boden	Frühling bis Herbst	mehrjährig
	Helianthus annuus	**Sonnenblume**	Sonne	hoch	humusreicher Boden	Frühling	einjährig
	Rosmarinus officinalis	**Rosmarin**	Sonne	mäßig	lockerer Boden	im Frühjahr im Gewächshaus vorziehen, im Sommer durch Stecklinge	mehrjährig, nicht ganz winterhart
	Achillea millefolium	**Schafgarbe**	Sonne bis Halbschatten	gering	trockener Boden	Frühling und Herbst	mehrjährig
	Tropaeoleum majus	**Kapuzinerkresse**	Sonne bis Halbschatten	mäßig	Gartenboden	Frühjahr	einjährig
	Papaver rhoeas	**Klatschmohn**	Sonne	gering bis mäßig	nährstoffreicher Boden	zeitiges Frühjahr	einjährig

Johanniskraut

Hypericum perforatum

Standortanforderungen – Magerer Boden, Halbschatten bis volle Sonne.

Kultur – Johanniskraut ist eine mehrjährige Pflanze, die etwa 1 m hoch wird. Sie blüht von Juni bis August und kann im Frühjahr durch Aussaat oder Stecklinge vermehrt werden.

Traditionelle Verwendung im Volksglauben – Eines der wichtigsten Sonnenwendkräuter und schon seit Urzeiten als Heilpflanze bekannt. Sie blüht zur Sommersonnenwende und ihren roten Saft nennt man „Johannisblut". Ein Kranz, in der Sonnenwendnacht geflochten, sollte Dämonen und Teufel vom Haus fernhalten. Der Kranz wurde dann im nächsten Jahr verbrannt.

Anwendung in der Magiepraxis – Noch immer ist das Johanniskraut fester Bestandteil von Ritualen zur Sommersonnenwende und auch aus Zaubern rund um Feuer und Sonnenkraft nicht wegzudenken. Aber auch bei kerzenmagischen Ritualen für Heilungs- und Liebeszauber findet der Ölauszug Verwendung.

Sonstige Anwendungsmöglichkeiten – Das „Rotöl" (Ölauszug aus den Blüten) wird bei Wunden, Ödemen, Prellungen und Sonnenbrand angewendet. Als Kompresse bei Hexenschuss, Blasen- und Gelenkentzündungen. Als Tee wirkt die Pflanze stimmungsaufhellend, sie regt den Stoffwechsel an.

Ringelblume

Calendula officinalis

Standortanforderungen – Liebt guten Gartenboden in voller Sonne.

Kultur – Die Ringelblume ist ein Korbblütler, der bis zu 60 cm groß werden kann. Sie ist einjährig und blüht von Juni bis weit in den Oktober. Man kann sie gut im Frühjahr direkt in das Beet säen oder vorziehen. Sie sät sich gut von allein aus und kommt im nächsten Jahr wieder.

Traditionelle Verwendung im Volksglauben – Die Ringelblume wurde gern für Liebeszauber verwendet, dabei trugen die Männer die Wurzel als Talisman in der Hosentasche mit sich. Sie war auch als Wetterorakel bekannt: Öffneten sich ihre Blüten bis sieben Uhr morgens nicht, so war Regen zu erwarten. Sie ist eine Pflanze der alten Göttinnen und soll Jugend und Schönheit schenken.

Anwendung in der Magiepraxis – Ringelblumenblüten sind Bestandteil in Räuchermischungen für Heilung, Kreativität, Kraft oder gegen schlechte Stimmung. Auch in Zaubersäckchen oder magischen Bädern für Liebe und Kraft finden sie ihren Platz.

Sonstige Anwendungsmöglichkeiten – Ringelblütenöl wird als Mittel gegen Wunden eingesetzt und als Basis für Salben zur Wundheilung und gegen Irritationen der Haut. Auch ist sie Bestandteil von Heil- und Kräutertees. Ringelblume wirkt entzündungshemmend, menstruationsregulierend, blutreinigend und antiseptisch.

Alant

Inula helenium

Standortanforderungen – Lehmboden, volle Sonne.

Kultur – Der Alant kann bis zu 2,5 m hoch werden und blüht von Juni bis September. Er ist eine mehrjährige Pflanze, die man im Frühling aussäen oder im Herbst durch Teilung vermehren kann.

Traditionelle Verwendung im Volksglauben – Der Alant ist der Sage nach den Tränen der Helena entsprungen, er ist eine Pflanze, die zum „enthexen" und Austreiben von Dämonen verwendet wurde. Sie wurde gegen teuflische Besessenheit angewendet.

Anwendung in der Magiepraxis – Die Wurzel kann in Liebeszaubern Verwendung finden sowie für Kreativitäts- und Kraftzauber. Die Wurzel dient als Räuchermittel gegen Erschöpfungszustände, für Kraft und neue Ideen sowie als Teil von Schutz- und Antistress-Räucherungen.

Sonstige Anwendungsmöglichkeiten – Der Alant wirkt verdauungsfördernd und antiseptisch. Er regt die Nierentätigkeit an. Ein Tee wirkt bei Reizhusten und Magenbeschwerden. Die Wurzel, in Wasser gekocht, hilft bei Hautunreinheiten und Akne. Vorsicht: Beim Sammeln können bei empfindlichen Menschen Kontaktallergien auftreten!

Odermennig

Agrimonia eupatoria

Standortanforderungen – Lockerer Boden, Sonne bis Halbschatten.

Kultur – Der Odermennig ist ein mehrjähriges Rosengewächs, welches bis zu 60 cm hoch werden kann. Er blüht von Juni bis August und kann im Frühling ausgesät werden. Im Herbst kann man die Wurzel zur Vermehrung teilen.

Traditionelle Verwendung im Volksglauben – Traditioneller Bestandteil des Kräutersträußes zur Weihung der Maria in der Frauendreißiger-Zeit im August. Wurde als Ernteorakel und Wetterpflanze eingesetzt: Blüht er spät, gab es eine späte Ernte im Jahr. Wie Johanniskraut ist Odermennig auch Teil der Sonnenwendrituale und -kränze.

Anwendung in der Magiepraxis – Odermennig ist nach wie vor Teil der Sonnwendrituale und -zauber. Zudem wird er für sogenannte Hilfszauber angewendet, beispielsweise bei Prüfungen. Im Zauberbeutel getragen soll er helfen, selbstbewusster aufzutreten und flüssig zu sprechen. Ideal für Räuchermischungen, die mit Kraft, Energie und Konzentration zu tun haben. Des Weiteren sorgt er für Harmonie, Gelassenheit und ist streitschlichtend.

Sonstige Anwendungsmöglichkeiten – Odermennig wirkt entzündungshemmend, stoffwechselanregend und harntreibend. Kann als Teemischung, Tinktur oder Pulver angewendet werden. Er tönt Haare und Wolle und färbt sogar Leder. Er wurde auch als Würze für Weine verwendet.

Kamille

Matricaria chamomilla

Standortanforderungen – Nährstoffreicher Boden in voller Sonne.

Kultur – Kamille ist ein Korbblütler. Sie kann bis zu 30 cm hoch werden und ist einjährig. Ihre Blütezeit ist von Juni bis August. Ausgesät wird sie im Frühling.

Traditionelle Verwendung im Volksglauben – Bei den nordischen Völkern der Erdenmutter und der Göttin Frigga geweiht. Kamille wurde während der Geburt als Frauenbettstroh als Matratzenfüllmaterial verwendet, um Mutter und Kind vor bösen Geistern zu schützen. Die Kamille galt schon immer als Pflanze der Kraft, der Sonne und der Mütter.

Anwendung in der Magiepraxis – Kamille wird für Heilungs-, Fruchtbarkeits- und Liebeszauber verwendet. Sie kommt in Ritualbädern für Liebe, Fruchtbarkeit und Geldsegen zum Einsatz. Sie schützt vor negativen Energien und wird gern Reinigungsräuchermischungen beigefügt.

Sonstige Anwendungsmöglichkeiten – Kamille wirkt wundheilend, entzündungshemmend, krampflösend, antiseptisch, schmerzlindernd und beruhigend auf Magen und Darm. Sie kann auch bei Ohrenentzündungen und Erkältungen angewendet werden. Gern auch als Salbe, Tinktur oder Kamillenöl.

Quendel

Thymus pulegioides

Standortanforderungen – Trockener Boden, volle Sonne.

Kultur – Lippenblütler, der 25 cm hoch wird und von Juli bis September blüht. Der Quendel ist mehrjährig und anspruchslos. Die Aussaat beginnt zeitig im Frühjahr, genauso wie das Teilen der Pflanzen zur Vermehrung.

Traditionelle Verwendung im Volksglauben – Quendel soll vor Blitzschlag schützen, deswegen verwob man ihn zu einem Kranz, der in den Dachstuhl gehängt wurde. Auch er war Bestandteil des Frauenbettstrohs, wurde also bei der Geburt mit in das Bett gelegt und war der Göttin Freya geweiht. Quendel wurde bei geschäftlichen Tätigkeiten und Gesprächen in der Tasche getragen, da er Glück bringen soll.

Anwendung in der Magiepraxis – Noch heute wird der „Wilde Thymian" bei Geld- und Glückszaubern angewendet. In Mittsommerritualen findet er seinen Platz in den magischen Sonnenwendkränzen und -sträußen. Er ist Teil von magischen Bädern, Sprays und Räucherwerk bei Geld-, Glücks- und Geschäftszaubern.

Sonstige Anwendungsmöglichkeiten – Der Quendel ist schweißtreibend, antiseptisch und harntreibend. Er löst festsitzenden Schleim, wird bei Husten und bronchialen Leiden angewendet, als Tee bei Magenbeschwerden und Kopfweh. Als Gewürz wie Thymian zu verwenden.

Einheimische Goldrute

Solidago virgaurea

Standortanforderungen – Jeder Boden, volle Sonne.

Kultur – Die Goldrute ist eine mehrjährige Pflanze, die bis zu 80 cm hoch wird. Sie blüht von August bis weit in den Oktober hinein und kann im Frühjahr ausgesät werden. Die Teilung des Wurzelstocks kann im Oktober bis März geschehen.

Traditionelle Verwendung im Volksglauben – Die Goldrute wurde als Wünschelrute verwendet, um Schätze zu finden. Als Orakelpflanze wurde sie auf das Bett eines Kranken gelegt: Waren die Blüten am nächsten Morgen verwelkt, so sollte der Patient nicht mehr gesund werden.

Anwendung in der Magiepraxis – Ist der keltischen Göttin Cerridwen geweiht. Wird in Heil- und Liebeszaubern genutzt und für Zauber, um Gegenstände und Lebewesen wiederzufinden.

Sonstige Anwendungsmöglichkeiten – Bei Nieren- und Blasensteinen und Erkrankungen der Harnwege und bei Lebererkrankungen. Auch sollte sie in keinem Rheumatee fehlen. Sie ist wassertreibend, schleimlösend, wundheilend und entzündungshemmend.

Arnika

Arnica montana

Standortanforderungen – Kalkarmer Boden, sonniger Standort.

Kultur – Arnika ist ein mehrjähriger Korbblütler. Sie wird bis zu 30 cm hoch und blüht von Juni bis August. Sie wird im zeitigen Frühjahr oder im Spätsommer ausgesät und kann durch Teilung des Wurzelstocks vermehrt werden.

Traditionelle Verwendung im Volksglauben – Sie wurde schon von den Germanen sehr geschätzt und war Frigga geweiht. Sie ist eine Schutzpflanze vor Unwetter, bösen Zaubern und übler Nachrede. Bei Unwetter wurde sie geräuchert, um dieses zu vertreiben und das Haus zu schützen.

Anwendung in der Magiepraxis – Immer noch Bestandteil vieler Schutzräuchermischungen und Wetterzauber. In Zauberbeuteln wird ihre Wurzel für Schutz- und Heilzwecke getragen.

Sonstige Anwendungsmöglichkeiten – Entzündungshemmend und kreislaufanregend. Arnikasalbe oder -tinktur bei Verstauchungen, Prellungen und Quetschungen. Als Umschlag und Kompresse auch bei Verdauungsträgheit und Bronchitis, Rheuma und Gicht.

Mutterkraut

Tanacetum parthenium

Standortanforderungen – Lehmboden, Halbschatten bis Sonne.

Kultur – Mutterkraut ist ein mehrjähriger Korbblütler. Es blüht von Juni bis August und kann bis zu 40 cm hoch werden. Ausgesät wird es im Frühling und eine Vermehrung kann durch die Teilung der Wurzel geschehen.

Traditionelle Verwendung im Volksglauben – Es wurden früher Kränze aus Mutterkraut, Melisse, Kamille und Rainfarn geflochten und über das Bett einer Wöchnerin gehängt. Dies sollte sie vor Verhexung und Kindbettfieber schützen. Das Mutterkraut gehört zu den Sonnenwendritualpflanzen.

Anwendung in der Magiepraxis – Mutterkraut ist eine Pflanze, die in Schutzzaubern Verwendung findet. In Ritualen für Kinderwunsch und Fruchtbarkeit wird sie auch verwendet.

Sonstige Anwendungsmöglichkeiten – Schmerzstillend, krampflösend und fiebersenkend. Mutterkraut wird als frische Pflanze gegen Kopfschmerzen und Migräne angewendet, sie ist bei der Entgiftung des Körpers förderlich und wirkt als Gesichtswasser gegen Hautunreinheiten. Als Kompresse bei leichtem Tinnitus.

Engelwurz

Angelica archangelica

Standortanforderungen – Feuchter Boden, Sonne bis Halbschatten.

Kultur – Doldengewächs, welches bis zu 2,5 m hoch werden kann. Sie ist mehrjährig und blüht von Juli bis August. Vermehrung findet durch den Samen statt, der im Herbst oder Frühjahr ausgesät werden kann.

Traditionelle Verwendung im Volksglauben – Im Mittelalter erzählte man sich, ein Engel hätte diese Pflanze einem Mönch geschenkt, um die Pest zu besiegen. Deswegen der Name. Als Amulett wurde sie gegen Impotenz und gegen Schadenszauber und Verwünschungen getragen. Auch als Pflanze gegen Ängste und für Fruchtbarkeit verwendet. Sie gilt noch heute in Grönland als wichtiges Gemüse.

Anwendung in der Magiepraxis – Angelika ist fester Bestandteil vieler Schutzzauber und Räucherwerk bei Orakelsitzungen. Ihre Wurzel wird bei Kinderwunschzaubern als Talisman getragen und als Zugabe bei Reinigungsbädern leistet sie magische Dienste.

Sonstige Anwendungsmöglichkeiten – Magenstärkend, menstruationsfördernd, harn- und schweißtreibend, blutreinigend und nervenanregend. Gegen Rheuma und Gicht als Bad. Als Tee oder Tinktur bei Bronchialleiden und Erkältungskrankheiten und als Angelikaschnaps bei Verdauungsproblemen.

Purpurroter Scheinsonnenhut

Echinacea purpurea

Standortanforderungen – Jeder Boden, volle Sonne.

Kultur – Der Scheinsonnenhut blüht von Juni bis in den September und kann bis zu 90 cm hoch werden. Er ist mehrjährig und wird im Frühling ausgesät. Durch Teilung des Wurzelstocks im Oktober bis März kann er vermehrt werden.

Traditionelle Verwendung im Volksglauben – Eine alte Heilpflanze der nordamerikanischen Ureinwohner*nnen. Diese spielt bis heute in deren Sonnen- und Totenkulten eine große Rolle. Wenn jemand stirbt, wird dieser mit Sonnenhut bedeckt, das soll den Übergang in die Geisterwelt erleichtern. Auch bei der Geburt kommt dem Sonnenhut große Bedeutung zu sowie rund um die Sonnenwendrituale.

Anwendung in der Magiepraxis – Für Rituale und Zauber rund um Energie, Kreativität und Kraft. Auch Bestandteil von Kraft- und Heilungsräucherungen.

Sonstige Anwendungsmöglichkeiten – Entzündungshemmend, gegen Umweltgifte und zur Immunstärkung. Wird als Tinktur und Heilsalbe gegen Abszesse und eiternde Wunden eingesetzt und als Färbemittel für Wolle und Seide verwendet.

Liebstöckel

Levisticum officinale

Standortanforderungen – Gartenboden, Sonne bis Halbschatten.

Kultur – Liebstöckel ist ein Doldengewächs, welches bis zu 1,5 m hoch werden kann. Er ist mehrjährig und blüht von Juli bis August. Die Aussaat ist im Frühjahr, wobei die Wurzel zur Vermehrung im Frühling oder im Herbst geteilt werden kann.

Traditionelle Verwendung im Volksglauben – Wie der Name bereits andeutet, wurde diese Pflanze schon immer mit Liebe und Erotik verbunden. Mädchen trugen die Stängel am Körper, um den Liebsten an sich zu binden. Auch zur Vertreibung von Dämonen wurde er verwendet. Ein Kreuz aus Liebstockstängeln, am Himmelfahrtstag auf den Rücken gebunden, sollte das ganze Jahr vor Rückenschmerzen bewahren.

Anwendung in der Magiepraxis – Liebstöckel kommt ebenfalls in Sonnenwendritualen zum Einsatz. Er eignet sich für Liebeszauber und in erotisierenden Bädern sowie als Reinigung des Raumes vor einem Ritual; zum Räuchern gegen schlechte Schwingungen.

Sonstige Anwendungsmöglichkeiten – Liebstöckel wird als Gewürz in der Küche verwendet. Er wirkt harntreibend, appetitanregend und magenstärkend; bei Harnwegsinfektionen und als Tee bei Bauch- und Kopfschmerzen hilfreich. Durch die hohlen Stängel getrunkenes Wasser lindert Halsweh.

Den Feuergarten gestalten

Du benötigst:

- Je einen Luftballon für jedes Licht, das du herstellen möchtest
- Bastelkleber oder -kleister, bei Bedarf Wasser
- Küchenpapier
- Pinsel
- Getrocknete und gepresste Blüten und Blätter
- Klarlack
- Lichterkette oder (elektrische) Kerze
- Schere oder Nadel
- Band zum Aufhängen

Magische Sommerlichter mit Blüten und Pflanzen

Das Kräuterlicht zaubert ein wunderschönes Ambiente in deinen Garten oder auf deinen Balkon und kann auch gut mit Kindern gestaltet werden. Wenn du Pflanzen aus deinem Garten verwendest, werden die Lampions noch persönlicher.

So geht's:

1. Puste den Ballon in der gewünschten Lampiongröße auf und verknote ihn. Stelle den aufgeblasenen Ballon auf eine Unterlage, sodass er nicht wegrutschen kann. Am besten eignen sich ein Eierbecher oder ein Ring aus Pappe.
2. Mische Bastelkleber und Wasser etwa 1:1 oder verwende Papierkleister. Reiße das Küchenpapier in kleine Stückchen.
3. Pinsel den Ballon mit Bastelkleber ein und klebe die erste Schicht des Küchenpapiers darauf. Lasse im Bereich des Knotens einen Teil frei, da kommt die Kerze später hinein.
4. Verteile die Blüten auf der Papierschicht, so wie es dir gefällt.
5. Lege eine weitere Lage des Küchenpapiers auf den Ballon und die Blüten und klebe es fest, indem du vorsichtig den Kleber darauf tupfst.
6. Lasse das Papier gut trocknen und lackiere dann mit Klarlack.
7. Wenn der Lack getrocknet ist, kannst du den Ballon aufstechen, sodass die Luft entweichen kann, und die Reste des Ballons entfernen.
8. Schneide die Öffnung des Lampions so groß, dass bequem eine Kerze oder Lichterkette hineinpasst.
9. Bohre Löcher in den oberen Rand und ziehe eine Schnur zum Aufhängen hindurch.

Feuerritual zur Herstellung von magischer Kräuterasche

In der Kultur der germanischen und nordischen Stämme war jedes Fest mit einem Feuerritual verbunden. Mit Feuer vertrieb man alles Negative, böse Wünsche und Dämonen. Als Opfergabe wurde das Feuer mit den heiligen Kräutern gefüttert. Die Asche aus dem Verbrennen der Kräuter in der Sonnenwendnacht galt als besonders magisch. Auch heute noch können wir diese Kräuterasche als Hilfsmittel bei Kerzenritualen oder als Schutzpulver in Talismanbeuteln verwenden.

Du benötigst:

- Hexenkessel, Feuerschale oder einen feuerfesten Untergrund für dein Feuer
- Je nach Größe deiner Feuerstelle je 1–3 getrocknete Äste (Stöcke) von:
  - Birke, für Reinheilt und Heilung
  - Thuja oder Efeu für Langlebigkeit und Zielsetzung
  - Ilex, Weißdorn oder Brombeerzweig, für Verbannung und Schutz
  - Haselnuss oder Eiche für Weisheit und Kraft
- Etwa 30 bis 50 g Kiefern- und Fichtenharz
- Je etwa eine Handvoll (oder einen Strauß) getrocknetes Johanniskraut, Angelika, Quendel, Dost, Kamille, Beifuß und was du noch im Kräutergarten hast

So geht's:

1. Entzünde die Hölzer in deiner Feuersschale oder im Kessel. Vermeide dabei chemische Anzünder, sondern entzünde das Feuer auf natürliche Weise.
2. Wenn die Hölzer brennen, konzentriere dich auf die Feuerenergien, gib das Baumharz hinein und sprich: *„Feuer, ich gebe dir Kraft, dass meine Magie zum Leben erwacht."*
3. Warte, bis die Hölzer gut glimmen und gib nach und nach immer eine Handvoll Kräuter hinein.
4. Nun genieße die Kraft des Feuers und die Gerüche, die die Kräuter beim Verbrennen abgeben.
5. Sei vorsichtig, dass du dich nicht verbrennst, und halte die Glut so lange aufrecht, bis alles gut zur Asche verbrannt ist.
6. Wenn alles erkaltet ist, sammele die nicht verbrannten Teile heraus und fülle deine magische Kräuterasche um.
7. Die Kräuterasche kannst du nun für kerzenmagische Rituale nutzen, als Schutzpulver oder Basis für schwarzes Hexensalz, Zauberbeutel und mehr.

Sigillenmagie

Man nutzt Sigillen zur Formulierung eines Rituallzieles. Sigillenmagie ist eine sehr alte Form der Zauberei, die gleichzeitig eine Art Kunstform darstellt. Mit Sigillen sind graphische Symbole gemeint, die aus den kunstvoll verschlungenen Buchstaben eines Satzes bestehen. Eine Sigille ist somit eine visuelle Darstellung, eine Art Symbol zur Zielsetzung, ähnlich einer Rune. Eine Sigille zu zeichnen, sollte immer individuell sein, sieh also davon ab, dich zu sehr nach Vorlagen zu richten.

Du benötigst:

- Stift
- Ein Blatt Papier (optional handgeschöpftes Papier)
- Alternativ ein oder mehrere getrocknete Laubblätter
- Offenes Feuer, zum Beispiel in einem Kessel oder einer Feuerschale

So geht's:

1. Schaffe dir eine schöne und entspannte Atmosphäre. Komme zur Ruhe.
2. Überlege dir für deinen Wunsch die passende Formulierung. Je persönlicher der Wunsch, umso besser. Ein kurzer und präziser Satz sollte es sein.
3. Bist du mit deiner Formulierung zufrieden, schreibe den Satz zuerst in Großbuchstaben auf. Streiche dann alle doppelten Buchstaben heraus. Reduziere danach alle Vokale, sodass du deinen Satz auf höchstens zehn Zeichen verkürzt.
4. Dann nimm die übrigen Buchstaben und kreiere daraus deine Sigille: Stelle Buchstaben quer, auf den Kopf, verschlinge sie ineinander – sei kreativ!
5. Wenn du die perfekte Form für deinen Wunsch gefunden hast, übertrage die Sigille auf das Blatt.
6. Falte das Blatt zusammen, führe es zu deinem Herzen, lege beide Hände darauf und stell dir nun vor, wie dein Wunsch in Erfüllung gegangen ist.
7. Wenn du so weit bist, übergibst du das Blatt dem Feuer.

Magisch räuchern mit den Pflanzen aus dem Feuergarten

Die folgenden Rezepte für Räuchermischungen unterstützen dich bei deinen magischen Handlungen und Ritualen zu feuerverwandten Themen wie Kraft, Erotik, kreative Prozesse oder in Liebesdingen. Scheue dich aber nie, zu experimentieren. Erhöhe den Anteil an Pflanzenteilen, die für dich gut duften und stelle dir deine persönliche Lieblingsmischung für jedes Element zusammen.

Sonnenkraft

Mischung für ca. 50 g:

- 5 g Kamillenblüten
- 5 g Angelikawurzel
- 5 g Quendelkraut
- 10 g Johanniskrautblüten
- 10 g Rosenblüten
- 15 g Copalharz
- Optional: Bernsteinharz

Kraft und Energie

Mischung für ca. 50 g:

- 5 g Johanniskraut
- 5 g Kamillenblüten
- 10 g Rosmarin
- 15 g Alantwurzel
- 15 g Dammarharz

Liebe anziehen

Mischung für ca. 50 g:

- 5 g Odermennigkraut
- 10 g Rosenblüten
- 10 g Quendelblüten
- 10 g Rosmarin
- 15 g Copalharz
- Optional: Dammarharz

RÄUCHERMISCHUNGEN HERSTELLEN

Du benötigst *(Räucherutensilien findest du online oder im Fachhandel)*:

- Getrocknete Pflanzenteile und Harze
- Mörser und Stößel
- Luftdicht verschließbares Gefäß, Glas oder Fläschchen zur Aufbewahrung
- Feuerfeste Schale, Sand und Räucherkohle

So geht's:

1. Alle Pflanzenteile sollten gut getrocknet sein. Wiege oder messe deine Zutaten.
2. Zerkleinere die Pflanzen, Blüten und Beeren und bei Bedarf auch größere Harzklumpen mit einem Mörser, damit sich ihr Aroma voll entfalten kann.
3. Vermische alle Zutaten und gib sie in ein luftdichtes Gefäß zur Aufbewahrung.
4. Zum Räuchern füllst du ausreichend Sand in die Räucherschale, entzündest die Kohle und platzierst sie auf dem isolierenden Sand. Warte etwa 5 Minuten, bis die Kohle gut durchgeglüht ist.
5. Sobald die Kohle weißlich grau ist, kannst du etwa einen bis eineinhalb Teelöffel der Räuchermischung in die vorgefertigte Einbuchtung der Tablette geben.
6. Lasse nach der Räucherung die Kohle vollständig erkalten, bevor du das Räucherwerk entfernst und das Schälchen reinigst.

Zauber mit Feuerpflanzen

„Erste-Hilfe"-Steinzauber für Kraft und Energie

Dieser kleine Zauber ist ideal, um sich schnell und unkompliziert mit Feuerenergie aufzuladen. Gerade in Situationen, wenn du dich ausgelaugt und energielos fühlst, kannst du dir so ganz einfach die Feuerkraft zunutze machen – ohne Anstrengung und lange rituelle Handlungen.

Du benötigst:

- Einen flachen Flusskiesel
- Gelbe Farbe oder einen gelben Stift
- Pinsel

So geht's:

1. Bemale den Stein mit einem Sonnensymbol und lasse die Farbe trocknen.
2. Lege ihn danach für etwa drei Stunden in die Sonne oder wahlweise sehr nahe an eine Feuerstelle, an den Ofen oder den Kamin.
3. Wenn der Stein richtig warm ist, nimmst du ihn in deine Hände und fühlst seine Wärme. Stelle dir vor, wie die vom Stein aufgenommene Feuerkraft deinen ganzen Körper mit seiner Energie auflädt. Du kannst den warmen Stein auch an unterschiedlichen Stellen deines Körpers auflegen.
4. Sobald der Stein abkühlt, dankst du ihm und legst du ihn beiseite.

Tipp

Der Stein kann im Feuerbereich deines Gartens verweilen, bis du ihn wieder benötigst.

Feurige Hexenflasche für neue Energie und frische Ideen

Bei der sogenannten Hexenflaschenmagie oder, modern bezeichnet, „Spell Jars", werden verschiedene Pflanzen, Steine, Wurzeln und andere Gegenstände aufgrund ihrer magischen Eigenschaften gemeinsam in eine Glasflasche gegeben, besprochen und mit einem Zauber verschlossen. Dieser Brauch findet sich seit Jahrhunderten in den unterschiedlichen Hexentraditionen. Die Herstellung von Hexenflaschen zu verschiedensten Themen kann großen Spaß machen und du kannst deiner Kreativität hier freien Lauf lassen. Sie sehen mystisch-magisch aus und verzaubern mit ihrer Magie dich und dein Umfeld.

Du benötigst:

- Eine schöne Glasflasche oder eine Glasphiole
- Wasser und Salz zum Reinigen
- Kleine Edelsteinsplitter von Bergkristall und Karneol
- Chiliflocken und grobes Meersalz
- Blütenblätter oder Blüten von Ringelblume, Johanniskraut und Kamille
- Getrocknete ganze Chili und Orangenschalen
- Lorbeerblatt
- Stift
- Siegelwachs oder -lack sowie Dekoelemente deiner Wahl

So geht's:

1. Stelle eine Salz-und-Wasser-Mischung her, etwa 1 Teil Salz auf 2 Teile Wasser.
2. Reinige damit deine Flasche und trockne sie gut ab.
3. Vermische das Meersalz und die Chiliflocken miteinander und gib so viel in die Flasche, dass ihr Boden bedeckt ist.
4. Fülle nun Blätter von Kamille, Johanniskraut und Ringelblume hinein.
5. Darauf gib eine Schicht Bergkristallsteine.
6. Fülle zuletzt die Orangenschalen ein, sodass eine weitere Schicht entsteht.
7. Nun beschrifte das Lorbeerblatt mit der Feuerrune „Kenaz" und lege oder stelle es in die Flasche.
8. Zum Schluss verteile die kleinen Chilis darauf.
9. Konzentriere dich nun auf dein Ziel und puste dreimal sanft in deine Flasche. Für diese Flasche, die dir neuen Schwung und frische Energie bringen soll, stelle dir vor, wie es sich anfühlt, vor Kreativität und Tatendrang überzusprudeln.
10. Um den Zauber zu versiegeln, sprich: *„Flasche mein, so soll der Zauber wirksam sein."*
11. Verschließe und versiegle deine Flasche.

Tipp

Hexenflaschen werden im Haus oder am Arbeitsplatz aufgestellt, versteckt oder vergraben. Eine Hexenflasche ist etwa ein Jahr wirksam und sollte danach neu hergestellt werden. Willst du vorher deinen Zauber lösen, so musst du die Flasche einfach nur öffnen und den Inhalt sachgerecht entsorgen.

Feuermeditation, eine Reise in die Kraft

Wärme spüren, Ruhe finden und Kraft aus der Lebendigkeit des Feuers schöpfen – mit dieser Meditation findest du die innere Quelle deines Lebensfeuers. Dafür kannst du dich vor deine Feuerstelle im Garten setzen oder die Meditation drinnen am Kamin oder vor einer Kerze machen. Je größer allerdings die Feuerstelle, umso intensiver kann das Erlebnis sein.

Setze dich bequem vor deine Feuerstelle – mit ausreichend Abstand aber noch so, dass du die Wärme des Feuers fühlen kannst. Blicke eine Weile in die Flammen. Sieh zu, wie sie tanzen, und lasse deine Gedanken zu und dann los, entspanne dich. Konzentriere dich auf deine Atmung, gehe von der Brustatmung in die Bauchatmung. Das klappt am besten, wenn du deine Hände locker auf deinen Bauch legst und dahin atmest.

Schließe deine Augen und halte das Bild der Flamme weiter vor deinem inneren Auge. Wenn du ein wenig Übung hast, kannst du die Augen auch geöffnet lassen, somit kannst du dir und dem Feuer den Raum lassen, dir zusätzlich Bilder in den Flammen zu zeigen.

Lausche nun auf deinen Atem und auf deine Umgebung: das Knistern der Flammen und das Knacken des Holzes. Nimm den Geruch des Feuers wahr. Atme ruhig, lasse alle negativen Gedanken los. Stell dir vor, wie aller Stress und alle Belastungen in dem Feuer vor dir verbrannt werden. Lass dir Zeit.

Nach einer Weile visualisiere, wie du beim Atmen Funken in dich einsaugst. Mit jedem Atemzug, den du einatmest, wandert die Flamme weiter durch deinen Körper. Spüre, wie sich das Feuer in dir ausbreitet. Visualisiere, wie dieses Feuer dich mit Kraft und Energie erfüllt. Spüre, wie es langsam deinen ganzen Körper erfasst und dich mit Wärme und Licht erfüllt.

Fühle hinein in das innere Feuer. Spürst du deine neue Kraft und die frische Energie? Lasse sie herein! Genieße es! Fühle die Wärme und die Flammen, die flackern. Ziehe diese Kraft zu dem Gedanken, dem Thema in deinem Leben, bei dem du seine Energie am meisten benötigst.

Wenn du so weit bist, dann atme das Feuer wieder aus, indem du dir vorstellst, wie mit jedem Atemzug, den du ausatmest, das Feuer wieder zu seinem Ursprung zurückwandert. Die Funken verlassen deinen Körper und lassen nur ein schwaches Leuchten und Glühen zurück.

Bedanke dich beim Feuer. Behalte das warme und kraftvolle Gefühl in deinem Herzen und komme mit diesem Bewusstsein wieder zurück in das Hier und Jetzt.

Tipp

Wenn man mit dem Element Feuer arbeitet, ist immer an ausreichenden Brandschutz zu denken! Also bitte nicht zu nahe am Feuer sitzen und Brandschutzvorkehrungen für den Ernstfall treffen.

ELEMENT WASSER

Das Element Wasser in der Magie

Wasser ist das veränderlichste und flexibelste der Elemente. Es kann ruhig und klar sein oder reißend und zerstörerisch wirken. Wir kennen es als Schnee und Eis, aber auch als Regen, Nebel oder Dampf. Wasser bewegt sich in einem ewigen Kreislauf: Als Quelle entspringt es der Erde, fließt als Bach und Fluss ins Meer oder versickert als Regen wieder in der Erde. Es ist allgegenwärtig und überlebenswichtig. In der Grünen Magie steht das Wasser daher für Veränderung, Reinigung, Heilung und geistige Klarheit.

Wasser

auf einen Blick

Themen: Heilung, Reinigung, Lösung von Blockaden, Unterbewusstsein, Spiritualität

Jahreszeit: Herbst

Jahreskreisfeste: Lughnasadh, Mabon

Himmelsrichtung: Westen

Tageszeit: Abend

Farben: Blautöne

Sternzeichen: Fische, Krebs, Skorpion

Kräuter und Pflanzen: Sumpf- und Wasserpflanzen, Küstenpflanzen, Feuchtwiesenkräuter, schattenliebende Pflanzen

Bäume: alle Weidenarten, Silber- und Schwarzpappel, Schwarzerle und andere Erlenarten, Esche, Traubenkirsche

Symbole: Wellen, Fische, Muscheln, Meerestiere, Schale/Kelch

Gottheiten: Sulis, Yemayá, Dana, Rán, Njörd, Poseidon/Neptun, Atlas

Elementarwesen: Undinen, Wassermänner, Nixen, Sirenen, Selkies, Nymphen

Edelsteine: Aquamarin, Bernstein, Mondstein, Wasserachat

Quell des Lebens

Der größte Teil der Erde ist von Wasser bedeckt, wie auch unser Körper zum großen Teil aus Wasser besteht. Ohne Wasser gedeihen keine Pflanzen und Tiere. Deshalb wird, seit es Menschen gibt, in den Mythologien und Geschichten das Wasserelement den weiblichen Göttinnen zugeordnet, weil es das Leben nährt, schützend und heilend wirkt. Wasser wäscht von uns ab, es reinigt und nimmt hinfort. Daher eignen sich Wasserzauber besonders gut, um Unerwünschtes oder Belastendes von uns zu lösen oder um Blockaden und Probleme fortzuspülen. Andererseits bringt es uns auch gereinigte und frische Energien und erfüllt Wünsche. Seit jeher wurden an Quellen und Brunnen Bitten gestellt und Wünsche geäußert.

Das Element Wasser wird zudem mit (weiblicher) Intuition, Spiritualität, emotionaler Tiefe, dem Unterbewusstsein und der Gabe der Vorsehung in Verbindung gebracht. Die Reflektion des Wassers war lange Zeit die einzige Möglichkeit, sein eigenes Spiegelbild zu betrachten und im Wasser, so glaubte man, spiegeln sich unsere Emotionen und geheimsten Gedanken wider. Ebenso sollte die Wassersicht die Zukunft zeigen. In dunklen, stillen Gewässern orakelte man früher gern.

Wasser wird der westlichen Himmelsrichtung zugeordnet. Nicht ohne Grund bringt der oft feuchte Westwind das notwendige Nass für das Ausreifen der Ernte und so sind die im Spätsommer und Herbst begangenen Jahreskreisfeste Lughnasadt und Mabon nicht nur Ernte-, sondern auch Wasserfeste. Wetterzauber sind in dieser Zeit besonders wirksam.

Typische Wassersymbole sind Fische, Wellen oder Meeresmotive wie Muscheln. Aber auch der Kelch, das Gefäß, das Wasser hält und aus dessen reflektierender Oberfläche orakelt wurde, steht symbolisch für das Element.

Die Energie des Wassers magisch nutzen

In der Magie machen wir uns die reinigenden und lebenspendenden Eigenschaften des Wassers zunutze, um unerwünschte Energien und Probleme von uns zu waschen und Blockaden zu lösen sowie für Wunsch-, Heilungs- und Stärkungszauber. Besondere Bedeutung kommt in magischen Ritualen dabei Quell- und Mondwasser zu.

- An Bachläufen, Flüssen, Seen, Mooren und Quellen wurde schon immer Wasserwesen geopfert und insbesondere weibliche Gottheiten wurden verehrt. Übergib Wünsche und Bitten in geschmückten Holzbötchen den Wassergeistern oder versenke Sorgen, auf Steine geschrieben, in tiefen Gewässern.
- Wasser ist unerlässlicher Bestandteil von Reinigungsritualen: So wird es symbolisch eingesetzt, um beispielsweise Werkzeuge, rituelle Gegenstände oder energetisch ungünstige Räume zu reinigen.
- Die Kunst der Weissagung wurde seit jeher in Verbindung mit dem Wasserelement ausgeübt: In der Spiegelung dunkler, stiller Moorgewässer, so heißt es, kann man seine Zukunft erblicken.
- Der Bernstein ist völkerübergreifend etwas besonders Magisches. Symbolisch ist er eng mit dem Meer verbunden und vereint dennoch alle Elemente. Er kommt aus dem Wasser, verbindet aber die Kraft der Erde und die der Sonne miteinander.

Die Kraft des Mondes in der Magie

Das Wachsen und Schwinden des Mondlichts hat großen Einfluss auf die Magie, die du wirken kannst, und wenn du mit diesen Energien arbeitest, so greifst du auf einen uralten Energiestrom zurück. Zauber, die etwas vermehren oder anziehen sollen, wirken am besten, wenn sie bei zunehmendem Mond durchgeführt werden. Das abnehmende Licht des Mondes dagegen hilft, Belastendes loszulassen und Unerwünschtes von sich zu weisen. Zur Vollmondzeit entfalten alle Zauber ihr größtes magisches Potenzial.

Mondwasser

Traditionell wird die Nacht und der Mond der weiblichen, eher intuitiven Seite der Magie zugeschrieben. Die Energie des Mondes fördert Hellsicht, Weisheit und innere Klarheit. Dies verbindet die Mondenergie mit den Eigenschaften der Wassermagie. Die perfekte Symbiose aus den beiden zauberkräftigen Elementen ist das Mondwasser. Wenn du zudem noch eine Prägung hinzufügst, wie beispielsweise mit bestimmten Kristallen oder Blüten, erschaffst du ein sehr magisches Werkzeug, das du vielseitig einsetzen kannst.

Zauberkräftiges Mondwasser wird in einer Vollmondnacht hergestellt. Als Gefäß zur Herstellung von Mondwasser eignet sich am besten eine klare Glasschüssel. Daneben benötigst du natürliches Wasser. Idealerweise sollte es sich dabei um frisches Quellwasser handeln. Leitungswasser eignet sich nicht, da es leider durch die starke Filterung viele seiner natürlichen Informationen verloren hat.

Du benötigst:

- Eine große Glasschale
- Quellwasser oder anderes natürliches Wasser
- Schönes dunkles Gefäß zum Abfüllen

So geht's:

1. Fülle deine Glasschale mit Wasser. Stelle das Gefäß in einer klaren Vollmondnacht nach draußen und lasse es bis zum nächsten Tag stehen.
2. Um die Mondenergie so effektiv wie möglich zu nutzen, solltest du deine Schale so positionieren, dass sich das Mondlicht darin möglichst lange spiegelt.
3. Um das Mondwasser haltbar zu machen, wird empfohlen, es im Verhältnis 1:1 mit hochprozentigem Alkohol zu mischen. Die so hergestellte Mondessenz kannst du im Verhältnis 1:10 mit Wasser verdünnen.

Anwendung:

Du kannst das Mondwasser sowohl innerlich als auch äußerlich anwenden. Um dich mit der Energie des Mondes aufzuladen, kannst du es einfach über den Tag verteilt trinken. Aber auch zur äußerlichen Reinigung, beispielsweise vor Ritualen oder anderen magischen Arbeiten, ist es ideal geeignet.

Mondwasser kann auch zu energetisierenden Raumsprays, Haarspülungen und Gesichtswasser verarbeitet oder als Badezusatz verwendet werden.

Auch Pflanzen profitieren von der Energie des Mondwassers, wenn du sie damit gießt.

Das Wasserbeet

Um die positive magische Energie des Wassers in deinem Garten zu stärken, kannst du Pflanzen in deinem Beet ansiedeln, die du dem Element Wasser zuordnen würdest. Für mich sind das vor allem Gewächse, die nahe an Gewässern zu Hause sind. Viele dieser Pflanzen sind traditionelle Heilkräuter und werden für ihre beruhigende Wirkung geschätzt. Pflanzen in diesem Wasserbeet können auch für Wetter-, Schutz- und Reinigungszauber genutzt werden. Um den Bereich deines Gartens zu gestalten, der dem Wasserelement gewidmet ist, solltest du auf jeden Fall versuchen, eine Wasserstelle in dein Beet zu integrieren. Das kann ein kleiner Teich oder ein künstlicher Wasserfall sein. Schmuckelemente in Blau- und Türkistönen geben deinem Beet zusätzlich Atmosphäre.

- **Pflanzen für Heilungs- und Reinigungszauber:** Beinwell, Blutweiderich, Wasserdost, Baldrian, Bärlauch, Geißraute, Wermut, Meerrettich
- **Pflanzen gegen Blockaden:** Melisse, Brunnenkresse, Wasserminze, Wermut, Wiesenschaumkraut
- **Pflanzen für Schutzzauber:** Baldrian, Beinwell, Melisse, Wolfstrapp, Rainfarn, Meerrettich
- **Pflanzen für Liebeszauber:** Melisse, Weidenröschen, Mädesüß, Baldrian, Grasnelke, Strandflieder
- **Wetterpflanzen (gegen Unwetter oder um Regen zu rufen):** Rainfarn, Baldrian, Johanniskraut, Wermut, Beifuß, Hauswurz, Schöllkraut, Kamille, Königskerze, Fingerhut, Besenginster

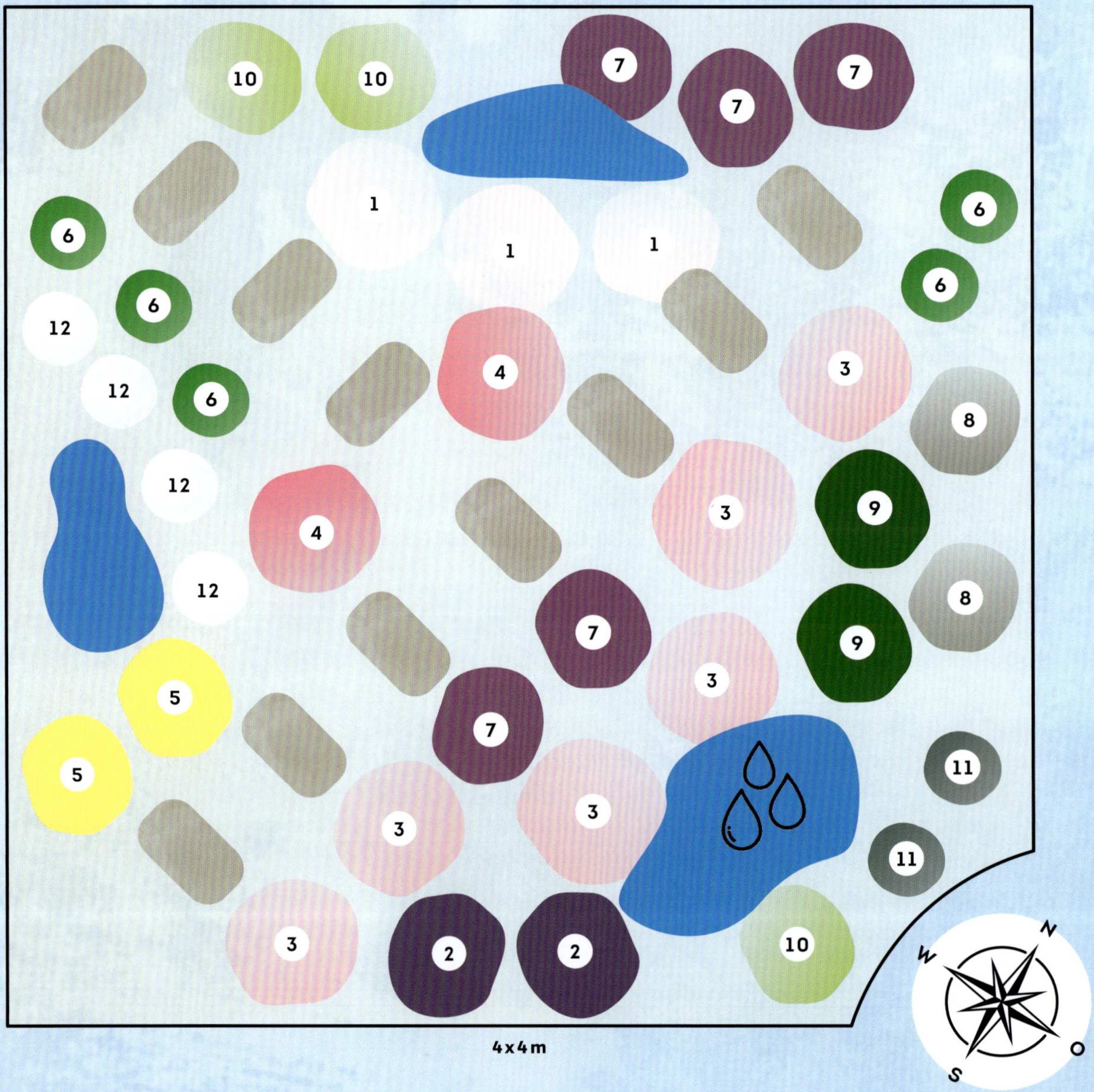
10
10
7
7
7
1
1
1
6
6
6
6
6
12
12
12
12
4
4
3
3
3
3
3
3
8
8
9
9
7
7
5
5
11
11
10
2
2
4x4m
N
W
O
S

	PFLANZEN-NAME BOTANISCH	PFLANZEN-NAME DEUTSCH	LICHT-BEDARF	WASSER-BEDARF	STANDORT-ANSPRUCH, NÄHRSTOFF-BEDARF	SAAT-/PFLANZ-ZEITRAUM	ANMER-KUNGEN
1	*Filipendula ulmaria*	**Echtes Mädesüß**	Sonne bis Halbschatten	hoch	feuchter Boden	Teilung im Herbst, Stecklinge im Frühjahr	mehrjährig
2	*Symphytum officinalis*	**Echter Beinwell**	Sonne bis Halbschatten	hoch	feuchter Boden	Teilung im Herbst, Stecklinge im Frühjahr	mehrjährig
3	*Valeriana officinalis*	**Echter Baldrian**	Halbschatten	hoch	feuchter Boden	Samen im Frühjahr oder Teilung der Wurzel	mehrjährig
4	*Eupatorium cannabinum*	**Wasserdost**	Halbschatten	hoch	anspruchslos, feuchter Boden	Aussäen im Frühjahr	mehrjährig
5	*Tanacetum vulgare*	**Rainfarn**	Sonne bis Halbschatten	mäßig bis hoch	nährstoffreicher, feuchter Boden	Stecklinge oder Ableger im Frühjahr oder Herbst	leicht giftig, mehrjährig
6	*Allium ursinum*	**Bärlauch**	Schatten	mäßig	humoser Boden	Aussaat im Frühjahr oder Herbst	mehrjährig
7	*Lythrum salicaria*	**Blutweiderich**	Sonne bis Halbschatten	hoch	anspruchslos, feuchter Boden	Wurzelstockteilung im Frühjahr	mehrjährig
8	*Artemisia absinthium*	**Wermut**	Sonne	gering	trockener Boden	Aussaat im Frühjahr, Wurzelstockteilung im Herbst	mehrjährig
9	*Armoracia rusticana*	**Meerrettich**	Sonne	gering bis mäßig	nährstoffreicher Boden	Seitenwurzeln im Frühjahr abnehmen	mehrjährig
10	*Melissa officinalis*	**(Zitronen-) Melisse**	Sonne bis Halbschatten	mäßig	frischer Boden	Wurzelstockteilung im Frühjahr oder Herbst	mehrjährig
11	*Lycopus europaeus*	**Ufer-Wolfstrapp**	Sonne	mäßig	feuchter, nährstoffreicher Boden	Vermehrung durch Wurzelausläufer	mehrjährig
12	*Nasturtium officinale*	**Echte Brunnenkresse**	Halbschatten	hoch	anspruchslos, sehr feuchter Boden	Aussaat im Frühjahr oder Herbst	mehrjährig
	WEITERE PFLANZEN FÜR DAS WASSERBEET						
	Mentha aquatica	**Wasserminze**	Sonne bis Halbschatten	hoch	feuchter bis schlammiger Boden	Abtrennen der oberirdischen Rhizome im Herbst	mehrjährig
	Cardamine pratensis	**Wiesenschaumkraut**	Sonne bis Halbschatten	gering bis mäßig	magerer Boden	Aussaat im Frühjahr oder Herbst	mehrjährig
	Epilobium parviflorum	**Kleinblütiges Weidenröschen**	Sonne	mäßig	feuchter Boden	Aussaat im Frühjahr	einjährig
	Persicaria lapathifolia	**Ampferknöterich**	Halbschatten	hoch	sumpfiger oder sehr feuchter Boden	Aussaat im Frühjahr oder Herbst	einjährig
	Galega officinalis	**Geißraute**	Sonne	mäßig bis hoch	feuchter Boden	Wurzelstockteilung im Herbst	leicht giftig, mehrjährig

Echtes Mädesüß

Filipendula ulmaria

Standortanforderungen – Ufergewächs, liebt feuchten Boden, Sonne und Halbschatten.

Kultur – Mädesüß kann bis zu 1 m hoch werden. Es bevorzugt feuchte Standorte und blüht von Juni bis September. Es kann durch Stecklinge oder Wurzelstockteilung vermehrt werden.

Traditionelle Verwendung im Volksglauben – Altes Heilkraut der keltischen Druiden. Der Name kommt wahrscheinlich von dem Honigwein „Met", dem Teile der Pflanze zur Aromatisierung und zu kultischen Zwecken zugefügt wurden. Mädesüßblüten wurden von Junggesellen in der Hosentasche getragen, um eine Frau zu finden.

Anwendung in der Magiepraxis – Eine wichtige Ritualpflanze, die in der Mittsommernacht gesammelt und zum Schutz in Ställen und Wohnräumen aufgehängt wird. Während der Sonnenwendfeierlichkeiten wird sie verräuchert oder verbrannt, um böse Geister und negative Energien zu vertreiben. Mädesüß wird für Liebes- und Heilungszauber sowie gegen energetische Blockaden verwendet und dient dem Anziehen gutgesinnter Geister.

Sonstige Anwendungsmöglichkeiten – Mädesüß enthält einen hohen Anteil an Salicylsäure und wirkt schmerzlindernd, krampflösend und stimmungsaufhellend. Mit seinem vanilleähnlichen Geschmack eignet es sich zur Aromatisierung von Kuchen, Quark- und anderen Süßspeisen.

Echter Beinwell

Symphytum officinale

Standortanforderungen – Feuchter Boden, Sonne bis Halbschatten.

Kultur – Mehrjähriges Raublattgewächs, das bis zu 60 cm hoch werden kann. Es bevorzugt feuchte Standorte und Böden. Es blüht vom Frühjahr bis in den Herbst und kann durch Stecklinge oder Wurzelstockteilung vermehrt werden.

Traditionelle Verwendung im Volksglauben – Beinwell wurde bei Knochenbrüchen eingesetzt. Dazu verband man den gebrochenen Knochen mit einem Breiumschlag aus der Wurzel. Das „Beinwellmännlein" wurde aus der Wurzel geschnitzt und sollte vor Krankheiten schützen. Ein Bad aus dem Sud der Blätter und Blüten sollte jungen Frauen helfen, ihre Jungfräulichkeit wieder zu erlangen.

Anwendung in der Magiepraxis – Die schwarze Wurzel wird den Unterweltsgöttinnen zugeordnet. Die Blüten und Wurzeln werden für Schutz- oder Geldzauber verwendet oder auch, um Dinge „zusammenzufügen" oder Streit zu schlichten.

Sonstige Anwendungsmöglichkeiten – Beinwell wirkt als Salbe oder Tinktur bei Verstauchungen, Zerrungen, Prellungen, als Wundbalsam gegen Schürfwunden und bei Verbrennungen sowie als Ölauszug bei Rückenschmerzen und gegen Zellulitis und Schwangerschaftsstreifen.

Echter Baldrian

Valeriana officinalis

Standortanforderungen – Feuchter Boden, Halbschatten.

Kultur – Baldrian ist eine mehrjährige Pflanze, die meist an Bach- und Flussrändern zu finden ist. Sie kann bis zu 1,5 m hoch werden. Baldrian blüht von Juni bis August und kann durch Teilung der Wurzel vermehrt werden.

Traditionelle Verwendung im Volksglauben – Kraut des nordischen Lichtgottes Baldur: Baldurskraut. Ein Baldrianbüschel wurde gern in eine Zimmerecke gehängt. Bewegte es sich, so ist ein Geist im Raum oder ein*e Besucher*in will einem nichts Gutes. Als Liebeszauber wurde er in den Saum genäht, um Verehrer*innen anzuziehen. Baldrian ist eine Pflanze der Elfen und Wasserwesen.

Anwendung in der Magiepraxis – Die Blüte wird in Liebes- und Anziehungszaubern angewendet. Blüte und Wurzel kommen in Heilungszaubern und Räucherungen zur Ehrung der Wasserwesen und gegen Geister zum Einsatz. Er ist eine Wetterpflanze und wirkt gegen Unwetter und Blitzschlag.

Sonstige Anwendungsmöglichkeiten – Baldrianwurzel wird in der modernen Medizin zur Behandlung von Schlafstörungen, bei Unruhe- und Spannungszuständen, Nervosität, Reizbarkeit und Ängsten eingesetzt. Im Garten zieht Baldrian die Regenwürmer magisch an. Die jungen Blätter können für Salate verwendet werden.

Wasserdost

Eupatorium cannabinum

Standortanforderungen – Liebt feuchten, nährstoffreichen Boden und Halbschatten.

Kultur – Gehört zu den Korbblütlergewächsen und ist mehrjährig. Er kann bis zu 1,5 m hoch werden und blüht von Juli bis September. Im Frühjahr kann er durch Aussäen vermehrt werden.

Traditionelle Verwendung im Volksglauben – Man beschwor mit dem „Wetterdost“ den Regen herauf. Ein Mädchen musste nackt ein Stück der Pflanze mitsamt ihrer Wurzel abreißen und sich umbinden, dann damit zu einem nahen Bach gehen und mit einem Zauber um Regen bitten. Keltische Schamaninnen peitschten See- oder Quellwasser mit Wasserdostruten, um den Regen herbeizurufen. Dies wurde später durch die Kirche verboten und der Wasserdost geriet lange in Vergessenheit.

Anwendung in der Magiepraxis – Für Regen- und Wetterzauber als Räucherpflanze. Die Blüten als Opfergabe, um die Wasserwesen zu rufen. Die getrocknete Wurzel im Amulettsäckchen gegen Blockaden.

Sonstige Anwendungsmöglichkeiten – Die Wurzel wirkt als Tinktur gegen Erkältungskrankheiten, zur Vorbeugung bei Grippe; als Kompresse oder Bad bei Hautausschlägen und Wunden.

Rainfarn

Tanacetum vulgare

Standortanforderungen – Guter, feuchter Boden, Sonne bis Halbschatten.

Kultur – Korbblütler, der bis zu 1 m hoch werden kann. Blüte von Juli bis September, er kann durch Ableger oder Wurzelstockteilung vermehrt werden.

Traditionelle Verwendung im Volksglauben – Rainfarn wird seit Jahrhunderten als Schutzpflanze gegen Dämonen und böse Geister verräuchert oder als Amulett getragen. Er gehört zu den Wetterkräutern, er wurde bei Gewitter verbrannt, um Schaden von Haus und Hof abzuhalten. Wurde im Mittelalter mit in die Wiege gelegt, um die Kinder vor Verhexungen zu schützen.

Anwendung in der Magiepraxis – Die gelben Blüten finden in Schutzzauberbeuteln Verwendung, als Teil des Sonnenwend-Räucherbuschens sowie als Räucherwerk gegen böse Geister und negative Energien.

Sonstige Anwendungsmöglichkeiten – Wird in der Volksmedizin als schwacher Tee gegen Nervenleiden, Schwindel und Würmer eigesetzt (nur nach ärztlicher Absprache anwenden!). Rainfarn vertreibt Kopfläuse und wird gegen Motten aufgehängt oder als Pulver ausgestreut. Achtung: von Haustieren fernhalten!

Bärlauch

Allium ursinum

Standortanforderungen – Tiefgründiger Boden, Schatten.

Kultur – Bärlauch ist mehrjährig und kann bis zu 30 cm hoch werden. Er blüht etwa von April bis Juni und kann durch Aussäen vermehrt werden.

Traditionelle Verwendung im Volksglauben – Bärlauch war schon den germanischen Stämmen bekannt, er war so wichtig, dass er eine eigene Rune bekam: „Laguz“, die Lauchrune. Er trägt den Namen des Bären, da dieser mit seinem Erscheinen die Kraft des Winters bricht. Im Mittelalter war er das Kraut gegen Dämonen, Vampire und Hexen. Nach der Walpurgisnacht sollte man keinen Bärlauch mehr sammeln, da ihn die Hexen dann verflucht haben sollen.

Anwendung in der Magiepraxis – In der Küchenmagie als Bärlauchsalz gegen negative Kräfte, zur Austreibung von stagnierenden und blockierenden Energien; Bärlauchpulver für Schutzzauber.

Sonstige Anwendungsmöglichkeiten – Die jungen Blätter sind ein beliebtes Würzkraut für Salate, Eintöpfe, Pesto, Suppen und mehr. Als Tinktur wird er in der Volksmedizin gegen Bluthochdruck, zur Anregung des Stoffwechsels und bei Magen- und Darmbeschwerden angewendet. Seine blutdrucksenkende Wirkung soll Schlaganfall und Herzinfarkt vorbeugen.

Blutweiderich

Lythrum salicaria

Standortanforderungen – Anspruchslos, benötigt Sonne bis Halbschatten und leicht feuchten Boden.

Kultur – Ein mehrjähriges Weiderichgewächs, das leicht feuchten Boden benötigt. Der Blutweiderich kann bis zu 1,5 m hoch werden und blüht von Juli bis September. Durch Wurzelstockteilung im Frühjahr kann er vermehrt werden.

Traditionelle Verwendung im Volksglauben – Angeblich lebt ein Kobold in der Pflanze, denn jeder, der den Blutweiderich abpflückt und ins Haus bringt, entfacht unabsichtlich Streit. Deswegen sein alter Name „Greinkraut". Der Blutweiderich wurde bis weit ins 19. Jahrhundert gegen Cholera eingesetzt.

Anwendung in der Magiepraxis – Für Wasser- und Fruchtbarkeitzauber sowie bei Wetter- und Regenzaubern.

Sonstige Anwendungsmöglichkeiten – Als getrocknetes Pulver soll es bei Nasenbluten helfen. Das Kauen der Stängel kann bei akuten Zahnfleischentzündungen Linderung verschaffen. Blutweiderichtee kann Halsschmerzen und Durchfallerkrankungen lindern; Sitzbad bei Hämorrhoiden.

Wermut

Artemisia absinthium

Standortanforderungen – Trockener Boden, Halbschatten bis Sonne.

Kultur – Wermut ist ein mehrjähriger Korbblütler, der bis zu 1 m hoch werden kann. Er blüht von Juli bis September. Seine Samen werden im Frühling ausgesät. Die älteren Pflanzen kann man durch Wurzelstockteilung vermehren.

Traditionelle Verwendung im Volksglauben – Schon im Altertum wurde Wermut dort gepflanzt, wo man Mäuse und Ungeziefer fernhalten wollte. Oft wurde er auch mit in das Bettstroh gegeben, um vor Flöhen und Wanzen zu schützen. Man schlug erkrankte Körperteile mit Wermutzweigen, damit diese besser heilten. Wermut wurde früher zur Förderung der seherischen Fähigkeiten verwendet.

Anwendung in der Magiepraxis – Wermut wird als Schutz gegen Flüche und dämonische Kräfte verräuchert. Im Auto aufgehängt, sorgt Wermut für Schutz und Konzentration beim Fahren. Wermut bringt stagnierende Energien wieder in den Fluss. Ein Wermutsträußchen in der Tasche hilft, Prüfungen zu bestehen.

Sonstige Anwendungsmöglichkeiten – Wermut wird in der Volksheilkunde gegen Magen- und Darmbeschwerden und bei starken Blähungen verwendet. Auch lindert er Erkältungen und Bronchitis. Wermut kann als Tinktur, Pulver oder als Wermutwein gereicht werden.

Meerrettich

Armoracia rusticana

Standortanforderungen – Nährstoffreicher Boden in voller Sonne.

Kultur – Mehrjähriger Kreuzblütler, der bis zu 1 m hoch werden kann. Er bevorzugt einen nähstoffreichen Boden in sonniger Lage. Meerrettich blüht von Juni bis August und kann durch das Abnehmen der Seitenwurzeln vermehrt werden.

Traditionelle Verwendung im Volksglauben – Ein Stück Meerrettich an Neujahr gegessen, soll das ganze Jahr vor Krankheit bewahren und ein Stück in der Tasche schützt vor Hexen, Teufeln und wütenden Hunden. In den Alpenländern hängte man Kindern Amulette aus Meerrettichscheiben als Schutz vor Fieber und Krankheit um den Hals. Ein weißes Blatt an der Meerrettichpflanze bedeutet, dass ein Todesfall in der Familie naht.

Anwendung in der Magiepraxis – Kommt in Schutz- und Heilungszaubern zum Einsatz und als Pulver für Kerzenzauber zur Gesundung und in Schutzkerzen für Neugeborene.

Sonstige Anwendungsmöglichkeiten – Wird als unterstützende Therapie bei Bronchitis und grippalen Infekten genutzt. Enthält pflanzliches Antibiotikum. Wirkt bei Atemwegsinfekten, Muskelschmerzen, Verdauungsproblemen, Gicht und Rheuma, gegen Bluthochdruck, Augenentzündungen und Oberbauchkoliken.

(Zitronen-)Melisse

Melissa officinalis

Standortanforderungen – Frischer Boden, Halbschatten bis Sonne.

Kultur – Melisse ist ein mehrjähriger Lippenblütler. Sie kann bis etwa 90 cm hoch werden und bevorzugt feuchte Böden. Sie blüht von Juni bis August und kann durch Teilung vermehrt werden.

Traditionelle Verwendung im Volksglauben – Paracelsus nannte die Melisse ein Lebenselixier. Sie soll Jugend zurückbringen und ist in Griechenland der Göttin Diana geweiht. Melisse bedeutet „Bienenblatt“, weil die Bienenstöcke damit eingerieben wurden. Früher schrieb man der Melisse die größten Heilkräfte zu, sie durfte in keinem Kräutergarten fehlen. Bei Krankheit trug man Zitronenmelisse in einem Beutel um den Hals.

Anwendung in der Magiepraxis – Getrocknete Melisse wird für Schutzräucherungen und Heilungszauber genutzt. Melissenkränze wurden als Wasseropfer und zur Kontaktaufnahme mit Wasserelementaren dargebracht.

Sonstige Anwendungsmöglichkeiten – Melisse wirkt gegen Reizbarkeit, Depressionen, Angst- und Erschöpfungszustände, Schlaflosigkeit und Kopfschmerzen sowie bei Verdauungsbeschwerden, Gicht, Rheuma, Menstruationsschmerzen und in den Wechseljahren.

Ufer-Wolfstrapp

Lycopus europaeus

Standortanforderungen – Feuchter, nährstoffreicher Boden, Sonne.

Kultur – Wolfstrapp wird bis zu 90 cm hoch und ist eine mehrjährige Pflanze. Er blüht von Juli bis September und kann sich durch Wurzelausläufer vermehren.

Traditionelle Verwendung im Volksglauben – Der Name leitet sich wohl von seinen gezackten Blättern ab, die wie Wolfszähne aussehen. Um Wölfe abzuhalten, soll er früher verbrannt worden sein.

Anwendung in der Magiepraxis – Kommt in Zauberbeuteln und Räucherwerk gegen negative Menschen und Wesenheiten zum Einsatz.

Sonstige Anwendungsmöglichkeiten – Wird bei leichter Schilddrüsenüberfunktion, Unruhe, Schlafstörungen, Herzklopfen und Schwitzen sowie bei Spannungs- und Schwellungsgefühlen der weiblichen Brust, Kreislaufstörungen und Herzbeschwerden eingesetzt.

Brunnenkresse

Nasturtium officinale

Standortanforderungen – Sehr feucht bis nass, Halbschatten.

Kultur – Brunnenkresse wächst an Teichrändern und sogar mitten in Teichen oder Bächen und kann etwa 30 cm hoch werden. Sie ist mehrjährig und liebt einen halbschattigen Standort. Sie blüht von März bis April und vermehrt sich durch Ausläufer.

Traditionelle Verwendung im Volksglauben – Eine der ältesten Salatpflanzen. In Großbritannien hat die Brunnenkresse eine jahrhundertelange Tradition als Lebensmittel, wo sie noch im 19. Jahrhundert als Grundnahrungsmittel galt.

Anwendung in der Magiepraxis – Als Räucherung für Wasser- und Wetterzauber. Als lebendige Pflanze ist sie Hüterin von Wasserstellen. Die Brunnenkresse sorgt dafür, dass die magische Kraft des Wassers erhalten bleibt. Stark mit den Wassergeistern von Quellen und Teichen verbunden.

Sonstige Anwendungsmöglichkeiten – Brunnenkresse enthält ätherisches Senföl, einen hohen Anteil an Vitaminen und Mineralien. Sie ist ideal als Würzkraut in Suppen, Salaten und Quarkspeisen. Brunnenkresse wirkt appetitanregend und harntreibend und unterstützt bei Diabetes.

Den Wassergarten gestalten

Magische Wasserschalen im Garten

Wasser ist von einer besonderen Magie umgeben und zieht die Menschen seit jeher in seinen Bann. Eine Wasserschale im Garten bietet nicht nur eine wertvolle Trinkgelegenheit für Insekten und Vögel, sondern kann dir beim Herstellen von Mondwasser oder bei deiner spirituellen Arbeit sehr nützlich sein. Zusätzlich verstärkt sie den Wasserbereich deines Hexengartens, denn auch ohne den Inhalt „Wasser“ ist eine Schale symbolisch von Vorteil. Dort kannst du Gegenstände mit der Wasserenergie deines Gartens aufladen.

Du benötigst:

- Schale aus einem Naturmaterial wie Stein, Terrakotta, Keramik, Glas oder Ähnlichem
- Bleistift, wetterfeste Farben zum Bemalen
- Wetterfester Klarlack zum Versiegeln

So geht's:

1. Zeichne mit Bleistift passende Wassersymbole deiner Wahl auf die Schale, zum Beispiel Wellen, Muscheln, Nixen, Regentropfen, Spiralen und konzentrische Ringe. Lass dabei deiner Fantasie freien Lauf.
2. Wenn du damit zufrieden bist, bemalst du die Schale mit wasserfesten Acryl- oder Lackfarben.
3. Lasse die Farbe gut trocknen und versiegle die Schale anschließend mit Klarlack.

Aktivierungsritual für deine magische Schale

Wenn du deine Schale gefertigt hast und sie gut getrocknet ist, kannst du sie weihen. Der beste Zeitpunkt dafür ist zum Vollmond eines Wasserzeichens (Fische, Krebs, Skorpion).

Du benötigst:

- Deine bemalte Wasserschale
- Eine blaue oder weiße Kerze (mit Glas oder Gefäß als Wind- und Funkenschutz)
- Räucherschale, Kohle, Sand
- Passendes Räucherwerk (siehe S. 111)
- 20–50 ml Mond- oder Quellwasser (siehe S. 97)
- Einen Edelstein deiner Wahl, einen anderen Stein oder eine Handvoll Gartenerde

So geht's:

1. Suche dir ein gutes Plätzchen in deinem Garten, am besten innerhalb deines Wasserbereichs. Lege dir alle benötigten Utensilien bereit.
2. Wenn du willst, kannst du vor Beginn der Weihung einen rituellen Kreis ziehen, indem du die Elemente und die Himmelsrichtungen anrufst (S. 29 und S. 66/67).
3. Nun entzünde die Räucherkohle. Lege die Räuchermischung darauf. Zünde dann auch die Kerze an.
4. Führe deine Schale dreimal durch den Rauch und sprich: *„Ich weihe diese Schale den Wasserkräften. Mögen sie sich in ihr vereinen und mir dienlich sein."*
5. Benetze dann deine Finger mit dem magischen Wasser und tropfe es dreimal auf deine Schale, sprich dabei erneut: *„Ich weihe diese Schale den Wasserkräften. Mögen sie sich in ihr vereinen und mir dienlich sein."*
6. Danach schwenkst du deine Schale dreimal vorsichtig über das Feuer deiner Kerze und wiederholst den Satz: *„Ich weihe diese Schale den Wasserkräften. Mögen sie sich in ihr vereinen und mir dienlich sein."*
7. Zuletzt wendest du dich an das Element Erde. Gib eine Handvoll Gartenerde oder einen besonderen Stein in die Schale und sprich ein letztes Mal: *„Ich weihe diese Schale den Wasserkräften. Mögen sie sich in ihr vereinen und mir dienlich sein."*
8. Jetzt ist deine Schale den Elementen geweiht und kann für vielerlei genutzt werden, beispielsweise, um Edelsteine und andere Ritualgegenstände energetisch zu reinigen und aufzuladen. Dieser Schale muss dazu nicht immer Wasser enthalten.

Ritual des Wasserlesens

Viele alte Kulturen und Völker kannten die Methode des Wasserlesens als Form der Wahrsagerei. So wurden tiefe Brunnen und stille Teiche, aber am liebsten dunkle Wasser in Mooren genutzt, um die Zukunft zu lesen. Auch du kannst dir zum Orakeln die Weisheit des Wassers zunutze machen.

Verwende zum Wasserlesen ein natürliches Gefäß, dessen Boden du schwarz lackierst oder auf dessen Grund du schwarze Erde oder Sand verteilst. Male Runen oder andere Wassersymbole auf dein Gefäß oder dekoriere es mit Bergkristallen und Muscheln, um die Orakelfunktion deiner Schale zu verstärken. Fülle die Schale mit Quell-, Bach-, Fluss- oder Regenwasser – nimm kein Wasser aus dem Hahn, da diesem die Informationen des natürlichen Elements fehlen.

Das Wasserlesen sollte an einem ruhigen Ort erfolgen. Am besten direkt im Wasserbereich deines Gartens. Der perfekte Zeitpunkt ist abends oder in der Dunkelheit. Dann kannst du dich ganz auf das Orakeln einlassen.

Das Wasserleseritual

Du benötigst:

- Deine mit Wasser gefüllte Orakelschale
- Räucherschale, Kohle, Sand
- Passendes Räucherwerk (siehe S. 111)
- Eine weiße Kerze
- Notizblock und Stift

So geht's:

1. Entzünde das Räucherwerk.
2. Reinige und entspanne dich.
3. Platziere die Kerze hinter deiner Schale, das Kerzenlicht sollte die Wasseroberfläche komplett beleuchten.
4. Konzentriere dich nun auf das Thema, das dich beschäftigt oder eine Frage, die du hast.
5. Lasse deinen Blick entspannt über das Wasser gleiten, atme sanft ein und aus und lasse deine Gedanken los.
6. Lasse dir Zeit und erzwinge nichts. Schreibe danach auf, was du bemerkt hast.
7. Nach dem Ritual kannst du das Wasser als Tiertränke im Garten belassen oder damit deine Pflanzen gießen. Die Kerze bläst du aus und kannst sie für die nächste Wasserlesung wiederverwenden.

Magisch räuchern mit den Pflanzen aus dem Wassergarten

Die folgenden Räuchermischungen unterstützen dich bei Ritualen zu wassernahen Themen, wie Heilungs- und Trauerarbeit, bei Ritualen gegen Blockaden oder für mehr Harmonie und bei Wunschzaubern. Scheue dich aber nie, zu experimentieren. Erhöhe den Anteil an Pflanzenteilen, die für dich gut duften und stelle dir deine persönliche Lieblingsmischung für jedes Element zusammen.

Reinigen und loslassen

Mischung für ca. 50 g:

- 5 g Wermutkraut
- 5 g Melissenblätter
- 10 g Wasserminzenblätter
- 15 g Baldrianblüten
- 15 g Bernsteinharz

Gegen Unwetter

Mischung für ca. 50 g:

- 5 g Wasserdostblüten
- 15 g Mädesüßblüten
- 15 g Rainfarnkraut
- 15 g Bernsteinharz

Wassergeister rufen

Mischung für ca. 50 g:

- 10 g Brunnenkressekraut
- 10 g Baldrianblüten
- 10 g Mädesüßblüten
- 10 g Wasserminzen- oder Wasserdostkraut
- 10 g Bernsteinharz

RÄUCHERMISCHUNGEN HERSTELLEN

Du benötigst *(Räucherutensilien findest du online oder im Fachhandel)*:

- Getrocknete Pflanzenteile und Harze
- Mörser und Stößel
- Luftdicht verschließbares Gefäß, Glas oder Fläschchen zur Aufbewahrung
- Feuerfeste Schale, Sand und Räucherkohle

So geht's:

1. Alle Pflanzenteile sollten gut getrocknet sein. Wiege oder messe deine Zutaten.
2. Zerkleinere die Pflanzen, Blüten und Beeren und bei Bedarf auch größere Harzklumpen mit einem Mörser, damit sich ihr Aroma voll entfalten kann.
3. Vermische alle Zutaten und gib sie in ein luftdichtes Gefäß zur Aufbewahrung.
4. Zum Räuchern füllst du ausreichend Sand in die Räucherschale, entzündest die Kohle und platzierst sie auf dem isolierenden Sand. Warte etwa 5 Minuten, bis die Kohle gut durchgeglüht ist.
5. Sobald die Kohle weißlich grau ist, kannst du etwa einen bis eineinhalb Teelöffel der Räuchermischung in die vorgefertigte Einbuchtung der Tablette geben.
6. Lasse nach der Räucherung die Kohle vollständig erkalten, bevor du das Räucherwerk entfernst und das Schälchen reinigst.

Zauber mit Wasserpflanzen

Reinigendes Raumspray

Sprays können im Allgemeinen dafür verwendet werden, die Umgebung oder dich selbst mit deinem persönlichen Ziel zu beeinflussen. Durch die Vielzahl von Kombinationsmöglichkeiten aus den magischen Schwingungen der pflanzlichen Inhaltsstoffe, dem Duft der ätherischen Öle und der Energie der Kristalle kannst du magische Sprays sehr flexibel entwickeln und anwenden. Nutze dieses Reinigungsspray, um deine Umgebung zu klären und um deine Aura oder bestimmte Gegenstände zu reinigen.

Du benötigst:

Zutaten für ca. 250 ml

- 20–30 g Mädesüßblüten
- 10 g Wermutkraut
- 10 g Wasserdostkraut
- 10 g Beifußkraut
- 10 Tropfen ätherisches Melissenöl
- 10 Tropfen ätherisches Salbeiöl
- 5 Tropfen ätherisches Lavendelöl (optional)
- 200 ml mindestens 50 %igen Alkohol
- 50 ml Mondwasser
- Einen kleinen klaren Bergkristall
- Ein Fläschchen mit Sprühkopf

So geht's:

1. Zerkleinere die getrockneten Kräuter in einem Mörser und fülle diese zusammen mit dem Alkohol in eine helle Flasche.
2. Lasse alles an einem warmen Ort ca. 14 Tage ziehen, schüttele zwischendurch die Flasche gut.
3. Seihe danach die Kräuter mit einem Sieb ab und fülle den Auszug in eine Sprayflasche um.
4. Füge dann das Mondwasser, den Bergkristall und die ätherischen Öle hinzu.
5. Schüttle alles einmal kräftig und lasse das Spray nochmals ein paar Tage lang durchziehen, bevor du es für die Klärung deiner Räumlichkeiten nutzt.

Tipp

Um das Spray zu verstärken, kannst du die Schutzrune Algiz und die Wasserrune Laguz auf die Sprayflasche malen.

Wermutwein

Im Mittelalter galt mit Wermut versetzter Wein als Medizin. Man verabreichte ihn bei Depression oder Melancholie. Der stark bittere Wermutwein wirkt appetitanregend, verdauungsfördernd, stimmungsaufhellend, energetisierend und immunstärkend. Likörgläschenweise getrunken, leistet er gute Dienste bei Darmbeschwerden und Völlegefühl. Er kann daher als Aperitif oder Digestiv zu schweren Mahlzeiten gereicht werden.

Du benötigst:

- Flasche Rot- oder Weißwein nach Geschmack
- Etwa 50 g brauner Zucker oder ca. 150 g Honig
- 3 bis 4 Stängel frisches Wermutkraut, je etwa 10 cm lang
- Gewürze nach Belieben, zum Beispiel Pfeffer, Zimt, Anis oder Ingwer
- Ein großes Einmachgefäß
- Leintuch oder sauberes Geschirrtuch
- Eine verschließbare Likörflasche

So geht's:

1. Gib alle Zutaten in ein großes Gefäß (am besten ein Ansatzgefäß oder ein Einmachglas) und decke es mit dem Leintuch ab.
2. Lasse den Wein etwa 2 Tage lang ziehen.
3. Filtere danach die Pflanzenteile und Gewürze ab und fülle den Wein in eine sterilisierte Flasche. Kühl und dunkel gelagert, hält sich der Wein etwa ein Jahr.

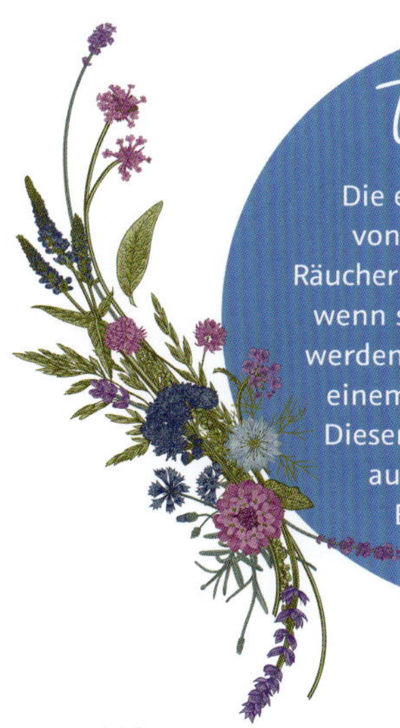

Tipp

Die energetische Wirkung von Wasserzaubern und Räuchermischungen ist intensiver, wenn sie an Tagen hergestellt werden, an denen der Mond in einem Wasserzeichen steht. Diesen Grundsatz kannst du auch für alle anderen Elemente nutzen.

Wassermeditation gegen Anspannung und Stress

Wasser reinigt, im Äußeren wie im Inneren. Diese Meditation soll dich dabei unterstützen, mit den Energien deines inneren Flusses in Verbindung zu treten, um Blockaden zu lösen und dich von der Anspannung des Alltags zu befreien.

Setze dich bequem, aber möglichst aufrecht in deinem Wassergarten auf die Erde. Entzünde ein passendes Räucherwerk. Stelle eine Wasserschüssel vor dich hin oder setze dich an deinen Teich oder an eine andere Wasserstelle in deinem Garten, die du gut erreichen kannst. Mach es dir möglich, deine Hände in das Wasser vor dir zu tauchen.

Entspanne dich und ordne deine Gedanken. Fühle einen Moment lang deine Hände im Wasser und dann schließe deine Augen. Genieße deinen Garten, spiele mit dem Wasser, höre auf die Geräusche, die es dabei macht. Lass dir Zeit. Gehe nun von der Brustatmung in die Bauchatmung. Lass deine Hände entspannt in der Wasserstelle. Um dich voll zu konzentrieren und nicht abgelenkt zu werden, solltest du deine Augen dabei geschlossen halten.

Stelle dir nun vor, wie die Luft, die du einatmest, deinen Körper erfüllt. Atme mit jedem Atemzug bewusst tiefer: in deinen Bauch, dann in den unteren Rücken und in das Steißbein, in die Sitzfläche und die Oberschenkel. Danach in die Knie, in die Unterschenkel, die Fußknöchel und in die Füße. Lass dir dabei Zeit, sei einfach entspannt. Versuche dich bei jedem Atemzug, den du ausatmest, zu entspannen, um den Stress des Tages zu entlassen.

Tipp

Diese Wassermeditation kannst du auch wunderbar in der Badewanne oder im Pool abhalten. Dazu kannst du sie dementsprechend abwandeln und ausweiten.

Wenn du so weit bist, stell dir vor, wie aus deinen Händen kleine zarte Wurzeln in das Wasser dringen. Bei jedem Ausatmen dringen diese Wurzeln tiefer in das Wasser vor dir ein. Stell dir vor, wie deine Hände dabei von dem Wasser umschlossen werden und du Teil des Wassers wirst. Im Idealfall hast du nach kurzer Zeit das Gefühl, vom Wasser gehalten und umschlungen zu sein. Nun stell dir vor, dass jedes Mal, wenn du einatmest, Wasser durch deine Wurzeln in deinen Körper dringt. Es umspült deine Adern, wie kleine Wellen pulsiert es in deinen Gliedmaßen. Ziehe es mit deinem Atem zusammen weiter in dich hinein.

Wenn du fühlst, dass das Pulsieren des Wassers schwächer wird und dein Körper alles Wasser aufgesogen hat, das er halten kann, dann visualisiere, wie das Wasser langsam wieder aus deinem Körper herausfließt. Während du das Wasser loslässt, gib ihm alles mit, was dich in der letzten Zeit belastet und geärgert hat. Lasse es gleichzeitig mit deinem Atem wie eine Welle aus deinem Körper strömen. Drücke es mit dem Ausatmen durch deine Hände heraus in die Schale.

Nach einer Weile kannst du dir vorstellen, wie du bei jedem Einatmen deine Wurzeln wieder ganz langsam zu dir zurückziehst. Finde zu dir selbst zurück, spüre deinen Körper wieder und öffne sanft die Augen. Dann bedanke dich bei dem Wasser und räuchere vielleicht noch ein wenig. Als Dank kannst du danach deinem Garten etwas Gutes tun, zum Beispiel in der Form, dass du das Wasser ausgießt.

Bleib die ersten Male nur so lange, wie deine Konzentration es zulässt. Je öfter du diese Meditation wiederholst, desto leichter wird es dir fallen, konzentriert zu bleiben. Wenn du diese Übung regelmäßig machst, wirst du deinen Stress und deine Sorgen vielleicht als etwas weniger belastend empfinden.

ELEMENT ERDE

Das Element Erde in der Magie

Die Erde ist das wohl greifbarste Element in der Grünen Magie, denn sie ist das Zentrum aller Dinge. Sie nährt und trägt uns. Sie schenkt Stabilität und die Sicherheit. Aus ihr entsteht Leben. Erde ist das Leben. Aus diesem Grund ist sie schon seit Jahrtausenden Bestandteil von Zauberpraktiken. Die Kraft der Erde liegt in ihrem Wachstum und ihrer Regeneration. Das Element Erde steht für das Leben in all seinen Formen und Farben sowie für die uneingeschränkte Liebe zur Natur.

Erde

auf einen Blick

Themen: Wachstum, Erdung, Nahrung, Wohlstand, Kraft, Heilung, Familie, Geburt, Tod und Ahnen(-verehrung)

Jahreszeit: Winter

Jahreskreisfeste: Samhain, Wintersonnenwende

Himmelsrichtung: Norden

Tageszeit: Nacht

Farben: Grün, Braun, Schwarz

Sternzeichen: Steinbock, Stier, Jungfrau

Kräuter und Pflanzen: Nachtschattengewächse, Moose, erdnahe/kriechende Pflanzen, Nüsse, alle Wurzeln

Bäume: Eiche, Eibe, Holunder, Nussbaum, Wacholder, Stechpalme

Symbole: Pentagramm, Lebensbaum, Apfel, Schlange, Spirale, Kessel

Gottheiten: Diana/Artemis, Ceres/Demeter, Cerridwen, Epona, Fauna, Gaia, Pachamama, Hel, Hekate, Juno/Hera, Inanna, Jörd, Frigga, Holla, Perchta, Kali, Iduna, Syff, Rhiannon, Cernunnos, Attis, Freyr, Pan, Dionysus, Wodan/Odin

Elementarwesen: Gnome, Erdgeister, Kobolde, Zwerge, Trolle, Devas, Wichtel

Edelsteine: Tigerauge, Achat, Aventurin, Bergkristall, Bernstein, Schörl, Apachenträne, versteinertes Holz

Mutter Erde

Seit Urzeiten wird die Erde als Muttergottheit verehrt. Gaia, Demeter, Frigga und Isis sind Beispiele aus der Antike und auch noch in der Gegenwart spielt beispielsweise Pachamama bei den Andenvölkern eine zentrale Rolle.

Das Element Erde repräsentiert den Kreislauf des Lebens. Alles Leben kommt aus ihr und geht zurück zu ihr. Im Schoß von Mutter Erde besinnen wir uns auf unsere Wurzeln, erden und zentrieren uns und erhalten Kraft und Ruhe. Zugleich ist die Erde das Element des Überflusses und der Fruchtbarkeit. Denn die Erde ernährt uns, schenkt uns das, was wir zum Leben benötigen. Die Erdenergie steht für Reife und Stabilität, für das Schaffen, Bewahren und Sichern der eigenen Kräfte. Sie symbolisiert Bodenständigkeit, Dauerhaftigkeit, Sicherheit und Zuverlässigkeit. Aber wo Leben, Fruchtbarkeit und Wachstum sind, da ist auch Tod. In der Erde findet die Wandlung von Leben, Tod und Wiedergeburt des neuen Lebens statt.

Die Himmelsrichtung des Elements ist der Norden, dort, wo die Schatten vorherrschen. Es ist das Reich der Frau Holle, der Totengöttin Hel. Das Erdelement steht dementsprechend auch für den Kontakt mit Verstorbenen und die Jahreskreisfeste der dunklen Jahreshälfte wie Samhain oder der Wintersonnenwende.

Das Pentagramm, auch Drudenfuß genannt, ist ihr Symbol. Der fünfzackige Stern ist häufig in der Natur zu finden, zum Beispiel im Kerngehäuse eines halbierten Apfels oder im Zentrum vieler Blüten. Da der Kessel auch mit Feuer, Luft und Wasser in Verbindung steht, symbolisiert er die Gemeinsamkeit der Elemente, das Zentrum, den Bauch der Mutter Erde, die uns Nahrung spendet und behütet, aufnimmt und neu wieder gebärt.

Bodennahe und meist schattenliebende Pflanzen wie Moose, Farne und viele typische Hexenkräuter der Dunkelheit werden dem Element Erde zugeordnet. Auch werden traditionellerweise viele Giftpflanzen mit diesem Element in Verbindung gebracht.

Die Energie der Erde magisch nutzen

In Erdzaubern und -ritualen gehst du eine tiefe Verbindung zur Mutter Erde ein. In schamanischen Praktiken nehmen wir Kontakt durch das Schlagen einer Trommel auf, um uns auf den Herzschlag von Mutter Erde einzustimmen. Und wenn wir mit den Händen ganz bewusst mit ihr in Kontakt treten, die Pflänzchen säen, eingraben und ernten, verbindet sich unsere Seele mit ihrer Kraft. Wenn du im Einklang mit diesem Element arbeitest und dich auf seine Energie einlässt, kann dir die Erde alles geben, was du benötigst: Gut geerdet zu sein, bedeutet, seine Mitte gefunden zu haben und die Sprache der Erde zu verstehen. Das kannst du dir in kleinen Zaubern zunutze machen:

- Die Erde nimmt Altes auf und wandelt es um. Du kannst wunderbar Sorgenzettel im Erdreich vergraben, damit diese von der Erde aufgelöst werden.
- Du kannst ausgesuchte Samen in die Erde geben mit der Bitte um Erfolg für ein Projekt, das du beginnen möchtest. Während dein Pflänzchen wächst und gedeiht, entwickelt sich auch dein Unternehmen.
- (Edel-)Steine aller Art sind eng mit dem Erdelement verbunden. Insbesondere Edelsteine in den Farben Schwarz und Dunkelgrün werden der Erde zugeordnet, beispielsweise Moosachat, Smaragd, Obsidian, Onyx, schwarzer Turmalin. Edelsteine, die du verwendet hast und nun wieder aufladen möchtest, kannst du vergraben und sie dann nach ein paar Tagen erneut nutzen. Edelsteine und andere natürliche Materialien, die du zauberkräftig genutzt hast und nicht mehr verwenden möchtest, kannst du in deinen Garten geben, um deine Verbindung mit den Erdenergien zu stärken.

Tipp

Um deine Verbundenheit mit den Pflanzenwesen zu stärken, solltest du in jedes Pflanzloch ein wenig Milch, Mehl und Honig geben, das erfreut die Erdgeister. Zusätzlich kannst du dann darum bitten, dass dieses Kräutlein wachsen und gedeihen möge.

Magie der Bäume

Viele, insbesondere immergrüne Bäume waren unseren Vorfahren als Schutzbäume heilig und wurden geschätzt, weil man mit ihren Blättern, Rinden, Früchten oder Harzen schamanische Rituale zum Ahnenkontakt abhalten konnte.

Die Eibe
Die Kelten verehrten die Eibe als Baum der Toten und kraftvollen Zauberbaum gegen Verhexungen und Dämonen. Dass alle Teile der Eibe giftig sind, machte den Baum besonders aus medizinischen Gründen interessant. Aufgrund ihrer halluzinogenen Wirkung galt die Eibe als Vermittlerin zwischen Realität und der Anderwelt der Naturgeister und Götter. Man trägt Amulette aus Eibenholz gegen Verhexung und dämonische Kräfte. Ein Spruch aus alter Zeit zeigt dies auf: „Trage Eibe – sodass der böse Zauber nicht bei dir bleibe."

Der Holunder
Seinen Namen gab dem Strauch die Erd- und Totengöttin Hel oder auch Holle. Der Wortursprung „Holda", „Holla" bzw. „Huld" bezeichnet eine dem Menschen mild und freundlich gesonnene Göttin. Als guter Geist wohnt sie im Holunderbusch und so galt der „Holler" bei unseren Vorfahren als mächtiger Schutzbaum und wurde in jeden Garten gepflanzt. Die Germanen brachten dem Baum Opfer zu Ehren der Göttin dar, was nach der Christianisierung ausdrücklich verboten wurde. Dennoch grüßten Menschen bis ins 19. Jahrhundert den Holunder mit den Worten „Grüß Euch, Frau Holla" und zogen den Hut vor dem Strauch. Es wurde unter Strafe gestellt, einen Holunder zu fällen und noch bis in das 19. Jahrhundert hieß es, wer einen Holunder im Garten fällt, bei demjenigen stirbt jemand in der Familie. Wenn es der Platz im Garten zulässt, ist ein Holunderbusch in jedem Fall nicht nur eine magische Bereicherung.

Ilex oder Stechpalme
Dieser immergrüne Strauch wurde bereits zu Zeiten der Römer verwendet, als man während der Wintersonnenwende die Zweige des Ilex an die Kleider steckte, um das Böse abzuwenden. Ähnliche Bedeutung hatte die Pflanze für die Germanen und die keltischen Stämme, die zudem in ihren roten Beeren das Symbol der winterlichen Fruchtbarkeit und das Versprechen der Rückkehr des Lichts und der Wärme sahen. Die Stechpalme wurde gern als Talisman getragen. Sie sollte schlechte Einflüsse abwenden und Glück bringen. Man pflanzte junge Sträucher neben Häuser und Eingänge, damit alles Böse darin gefangen werde. Farbig und langlebig ist der Ilex und man findet ihn heute im Gartenhandel in zahlreichen Formen. Er haucht jedem Hexengarten seine ganz eigene Magie und Mystik ein.

Der Haselnussstrauch
Neben dem Holunder durfte die Hasel als Schutzbaum im Garten nicht fehlen. Man sagte ihr nach, dass sie als eine Art Blitzableiter fungiere. Die Hasel galt als Lebensbaum. So sollte sie die Erfüllung von Wünschen begünstigen, Glück bringen und böse Geister fernhalten. Bei den nordischen Völkern wurde die Hasel als Symbol für Erotik, Fruchtbarkeit und Zeugungskraft gesehen und auch für die Kelten gehörte das Gehölz zu den heiligen Pflanzen. Haselzweige galten als Symbol für Unsterblichkeit, Erneuerung und Jugend. Als Baum der Ahnen fördert er nicht nur den Kontakt zu ihnen, sondern wurde auch für Weissagungen verwendet. Wohl auch deswegen wurden seine Äste bei den Germanen, wie auch bei den Kelten, verwendet, um Zauberstäbe und Wünschelruten daraus zu schneiden.

Das Erdbeet

In diesem Beetvorschlag findest du Pflanzen, mit denen du eine kraftvolle magische Verbindung zu den Erdenergien eingehen kannst. Das Erdelement kann für Kraft, Wohlstand, Wachstum und Familie stehen. Pflanzen für Schutz- und Wohlstandszauber haben in diesem Bereich ebenso ihren Platz wie Pflanzen, die den Ahnen zugeordnet werden. Tod und Wiedergeburt sind weitere wichtige Themen dieses Bereiches. Daher beinhaltet das Beet auch giftige Pflanzen – bitte gehe mit diesen verantwortungsvoll um und pflanze sie nicht, wenn Kinder oder Haustiere unbeaufsichtigt in deinen Garten gelangen können.

- **Pflanzen für die Ahnen- und Schattenarbeit:** Holunder, Haselnuss, Eiche, Esche, Eibe, Tollkirsche, Wacholder, Stechpalme, Mistel, Thuja, Erdrauch, Gundelrebe, Beifuß, Bilsenkraut, Bittersüßer Nachtschatten, Stechapfel, Mohn
- **Pflanzen für Geld- und Wohlstandszauber:** alle Arten von Wurzeln, Waldmeister, Schlüsselblume, Beeren der Stechpalme, Haselnüsse und Haselblüten, Wurmfarn, Efeu, Waldmeister, Fingerhut, Veilchen, Wermut, Salomonssiegel, Wacholder
- **Pflanzen für Schutzzauber:** Mistel, Tollkirsche, Beifuß, Farn, Stechapfel, Gundelrebe, Efeu, Holunderbeeren und -blüten, Stechpalmenblätter, Mondraute, Wacholder
- **Erdpflanzen für Heilungszauber:** Beifuß, Gundelrebe, Farn, Erdrauch, Veilchen, Holunder, Wacholder, Salomonssiegel, Fingerhut, Stiefmütterchen, Wegerich

Wald
meister

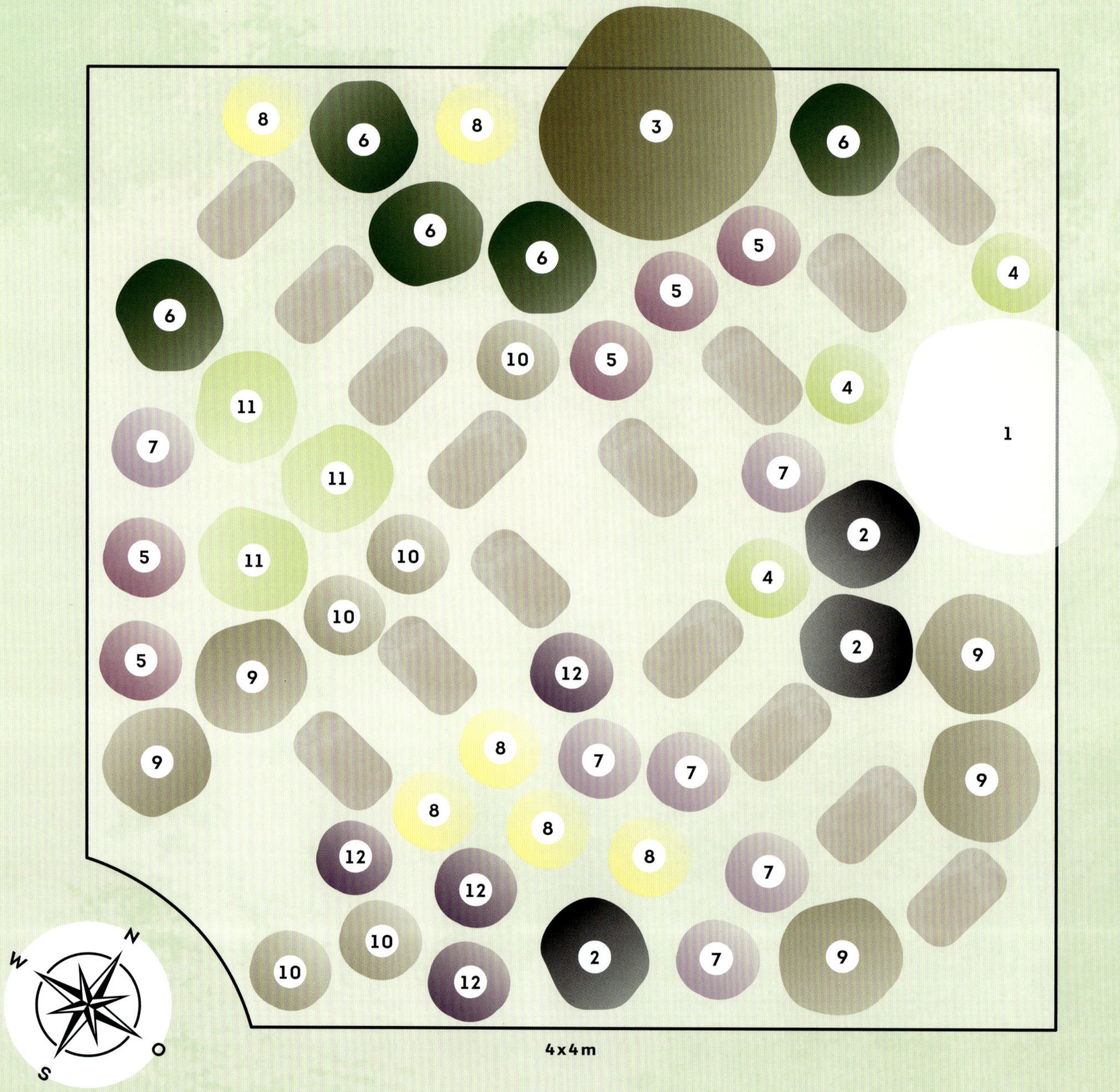
8
6
8
3
6
6
6
5
4
6
5
10
5
4
1
11
7
11
7
2
5
11
10
4
10
2
9
5
9
12
9
8
7
7
9
8
8
12
8
7
12
10
10
2
7
9
12
4x4m
N
W
O
S

	PFLANZENNAME BOTANISCH	PFLANZENNAME DEUTSCH	LICHTBEDARF	WASSERBEDARF	STANDORTANSPRUCH, NÄHRSTOFFBEDARF	SAAT-/PFLANZZEITRAUM	ANMERKUNGEN
1	*Sambucus nigra*	**Schwarzer Holunder**	Sonne bis Halbschatten	gering bis mäßig	jeder Boden	Herbst bis Frühjahr	mehrjährig
2	*Atropa belladonna*	**Schwarze Tollkirsche**	Sonne bis Halbschatten	mäßig bis hoch	kalkhaltiger Boden	Frühjahr	mehrjährig, sehr giftig
3	*Juniperus communis*	**Gemeiner Wacholder**	Sonne	mäßig	jeder Boden	Frühjahr bis Herbst	zweihäusig, mehrjährig
4	*Galium odoratum*	**Echter Waldmeister**	Schatten	gering bis mäßig	frischer Boden	zeitiges Frühjahr	mehrjährig
5	*Glechoma hederacea*	**Gundelrebe**	Sonne bis Halbschatten	gering	jeder Boden	Frühjahr, Frühsommer	mehrjährig
6	*Dryopteris filix-mas*	**Echter Wurmfarn**	Schatten	mäßig bis hoch	feuchter Boden	Frühjahr	mehrjährig, giftig
7	*Viola odorata*	**Duftveilchen**	Halbschatten	gering bis mäßig	humoser Boden	Frühjahr bis Sommer	mehrjährig
8	*Primula veris*	**Echte Schlüsselblume**	Halbschatten	hoch	feuchter Boden	Mai bis Juni	mehrjährig
9	*Artemisia vulgaris*	**Gemeiner Beifuß**	Sonne bis Halbschatten	gering	jeder Boden	Frühjahr und Herbst	mehrjährig
10	*Sempervivum tectorum*	**Echte Hauswurz**	Sonne	gering bis trocken	Trockenmauern, Steine etc.	Frühjahr und Herbst	mehrjährig
11	*Hyoscyamus niger*	**Schwarzes Bilsenkraut**	Sonne	mäßig	leicht sandiger Boden, stickstoffreich	Herbst	mehrjährig, sehr giftig
12	*Viola tricolor*	**Wildes Stiefmütterchen**	Sonne bis Halbschatten	gering bis mäßig	durchlässiger Boden	zeitiges Frühjahr	mehrjährig
	WEITERE PFLANZEN FÜR DAS ERD-BEET						
	Equisetum arvense	**Zinnkraut/Acker-Schachtelhalm**	Sonne bis Halbschatten	hoch	feuchter Lehmboden	im Sommer in der Natur ausgraben	mehrjährig
	Saxifragaceae	**Steinbrech-Gewächse**	Sonne bis Halbschatten	gering bis trocken	Steingarten	Frühjahr	mehrjährig
	Ranunculus ficaria	**Scharbockskraut**	Halbschatten bis Schatten	mäßig bis hoch	feuchter Boden	Sommer oder Herbst	mehrjährig, verwildert
	Geum urbanum	**Echte Nelkenwurz**	Sonne bis Halbschatten	mäßig bis feucht	durchlässiger Boden	Frühjahr	mehrjährig
	Hesperis matronalis	**Gewöhnliche Nachtviole**	Sonne bis Halbschatten	gering	sandige Gartenerde	Frühjahr	zweijährig
	Solanum dulcamara	**Bittersüßer Nachtschatten**	Schatten/ Halbschatten	mäßig bis feucht	feuchter Lehmboden	Frühjahr und Herbst	leicht giftig, mehrjährig
	Oenothera biennis	**Gemeine Nachtkerze**	Sonne bis Halbschatten	gering	Lehmboden	Frühling	zweijährig
	Circaea lutetiana	**Großes Hexenkraut**	Schatten bis Halbschatten	mäßig bis feucht	Waldboden	Frühling	mehrjährig
	Datura stramonium	**Stechapfel**	Sonne bis Halbschatten	gering	nährstoffreicher Boden	Frühling oder Herbst	giftig, sät sich selbst aus

Schwarzer Holunder

Sambucus nigra

Standortanforderungen – Holunder kann überall wachsen, mag aber am liebsten einen durchlässigen, leicht feuchten Boden und Halbschatten bis sonnige Lage.

Kultur – Der Holunder ist anspruchslos. Vermehrung durch Stecklinge im Herbst. Mehrjährig, er kann bis zu 5 m hoch werden.

Traditionelle Verwendung im Volksglauben – Den nordischen Stämmen galt der Holunder als heiliger Baum und als Medizinbaum. Er war ein Schutzbaum, der in keinem Hof und Garten fehlen durfte und dem ein starker Geist innewohnt, der mit Frau Holle in direkter Verbindung steht. Sein Holz durfte nicht gefällt oder verbrannt werden.

Anwendung in der Magiepraxis – Holunder symbolisiert die Urkraft der Göttin. Alle Teile des Baumes eignen sich für Schutzräucherwerk und Heilungszauber. Die getrockneten Beeren kommen in Zauberbeuteln oder Hexenflaschen für Fruchtbarkeit, Schutz und Heilung zum Einsatz. Der Beerensaft wird für magische/rituelle Getränke oder als Trankopfer genutzt.

Sonstige Anwendungsmöglichkeiten – Die (gekochten) Beeren weisen hohen Vitamin-C-Gehalt auf und sind köstlich als Marmelade und Saft. Blüten und Blätter als Tee wirken schweißtreibend und fiebersenkend. Stärkend für das Immunsystem, lindernd bei Nieren- und Blasenerkrankungen.

Schwarze Tollkirsche

Atropa belladonna

Standortanforderungen – Kalkhaltiger Boden, sonniger Halbschatten.

Kultur – Nachtschattengewächs, kann bis zu 2 m Höhe erreichen. Mehrjährige Pflanze. Vermehrung durch Stecklinge oder Aussaat über Samen. Blütezeit von Juni bis weit in den September. Achtung: Alle Teile der Pflanze sind giftig. Sensible Menschen sollten sie nur mit Handschuhen anfassen.

Traditionelle Verwendung im Volksglauben – Die halluzinogene Wirkung der Beeren wurde rituell bereits von steinzeitlichen Jäger genutzt, um besser „sehen" zu können. Auch war die Tollkirsche Bestandteil von „Flugsalben", deren Anwendung Halluzinationen oder wahnhafte Träume verursachten. Weiter wurde Belladonna als Narkosemittel und in der Kosmetik verwendet, um die Pupillen zu erweitern, was als Schönheitsideal galt. Daher auch ihr Name: Belladonna, „schöne Frau".

Anwendung in der Magiepraxis – Tollkirsche ist eng verbunden mit den Schicksalsgöttinnen. Deswegen ist sie als Ahnen-, aber auch als Glücks- und Schutzpflanze bekannt.

Sonstige Anwendungsmöglichkeiten – In der Homöopathie findet Belladonna Anwendung bei Krampfzuständen, Schwellungen der Lymphknoten und bei Erkältungskrankheiten. Sollte wegen ihrer Giftigkeit auf keinen Fall wild gesammelt und verwendet werden!

Gemeiner Wacholder

Juniperus communis

Standortanforderungen – Liebt Sonne, kann aber auch im Schatten gepflanzt werden, wo er langsamer wächst. Durchlässiger, kalkhaltiger Boden wäre ideal, er kommt aber mit jedem Boden gut aus.

Kultur – Wacholder kann Höhen bis zu 12 m erreichen und bis zu 600 Jahre alt werden. Der Wacholder kommt gut mit Hitze und Trockenheit zurecht.

Traditionelle Verwendung im Volksglauben – Wenn kleine Kinder kränkelten, opferte man dem Wacholder Brot und Wolle, damit das Kind gedieh. Über die Tür gehängte Zweige schützen vor bösen Geistern. Beim Hausbau sollte Wacholderholz mit verbaut werden, damit Neid und Missgunst fernbleiben. Die Germanen ehrten ihre Toten durch das Verbrennen des Holzes und in Räumen, in denen jemand verstorben war, wurde Wacholder geräuchert, um den Toten in die andere Welt zu geleiten.

Anwendung in der Magiepraxis – Die magische Anwendung des Wacholders ist sehr umfangreich und kann für alle Luft-, Feuer- und Erdrituale genutzt werden. Als Kranz zum Schutz an der Haustüre, Beeren für Wohlstand und Glück, Holz für Heil- und Schutzzauber. Räucherwerk als Toten- und Ahnengeleit und zur Kommunikation mit Ahnen und Erdwesen.

Sonstige Anwendungsmöglichkeiten – Bäder aus zerstoßenen Beeren und Nadeln bei Rheuma, Arthritis und Erkältungskrankheiten.

Echter Waldmeister

Galium odoratum

Standortanforderungen – Waldmeister benötigt einen halbschattigen bis schattigen Platz und einen frischen, lockeren Boden.

Kultur – Waldmeister blüht im April und Mai, er ist ein Bodendecker und mehrjährig. Er wird etwa 20 cm hoch. Vermehrt werden kann er durch Stecklinge aus nicht blühenden Pflanzen.

Traditionelle Verwendung im Volksglauben – Waldmeister ist eng mit dem Maifest verbunden. Einer seiner Namen ist „Waldmännlein", er gilt als Wächter der Wälder und ist ein sogenanntes „Koboldkraut". Früher wurde er in Wäscheschränken zur Abwehr von Ungeziefer aufgehängt oder getrocknet zwischen die Wäsche gelegt. Er ist zusammen mit Beifuß und Johanniskraut Teil des sogenannten „Frauenbettstrohs", das Wöchnerinnen in die Kissen gestopft wurde.

Anwendung in der Magiepraxis – Waldmeister geräuchert vertreibt dunkle Gedanken und hilft loszulassen. Als Frauenkraut ist er Bestandteil von Fruchtbarkeits- und Liebeszaubern.

Sonstige Anwendungsmöglichkeiten – Als Maibowle mit oder ohne Alkohol bekannt. Das gepulverte und getrocknete Kraut mit Honig mischen, gegen leichte Depressionen. In der Homöopathie wird Waldmeister gegen Gebärmutterentzündungen angewendet. Für Tees, Bowle und Säfte sowie als Waldmeistersirup sehr beliebt.

Gundelrebe

Glechoma hederacea

Standortanforderungen – Die Gundelrebe, auch Gundermann genannt, mag Halbschatten, Schatten und Sonne und kommt mit jedem Boden aus.

Kultur – Gundelrebe ist eine bodendeckende, rankende Pflanze. Sie vermehrt sich durch ihre Ausläufer. Ihre Blütezeit ist von April bis in den Juli hinein und sie ist mehrjährig.

Traditionelle Verwendung im Volksglauben – Sie ist eine uralte germanische Zauberpflanze, denn in ihr lebt ein kraftvoller Geist, der jeden bösen Zauber auflöst. Sie ist dem Donnergott Donar geweiht und mit ihr konnte man Wetterzauber wirken. Als Kranz an Walpurgis getragen, soll sie vor Verhexungen schützen und hellsichtig machen. Gundermann war eine der pflanzlichen Würzzutaten früher Biere, ehe Hopfen dafür genutzt wurde.

Anwendung in der Magiepraxis – Für Liebes- und Schutzzauber. Ruft getrocknet in Räuchermischungen die Naturgeister herbei. Für Wetterzauber, Bindungsrituale und zur Verstärkung der seherischen Fähigkeiten.

Sonstige Anwendungsmöglichkeiten – Gundelrebe enthält Bitterstoffe und viel Vitamin C. Das ätherische Öl wirkt sich positiv auf erkrankte Schleimhäute aus. Anwendung auch gegen Ohrensausen, als Wundöl bei geschädigter Haut, als Gesichtswasser gegen Unreinheiten, stärkt das allgemeine Immunsystem.

Echter Wurmfarn

Dryopteris filix-mas

Standortanforderungen – Schatten, frischer Boden.

Kultur – Der Wurmfarn kann bis zu 1 m hoch werden und seine Sporenreife ist ab Juli bis September.

Traditionelle Verwendung im Volksglauben – Dem Farn wurde immer schon große Zauberkraft nachgesagt. Früher auch als Mittel gegen Wurmbefall, im Schrank und in den Betten gegen Bettwanzen und andere Schädlinge eingesetzt. Sein Samen soll unsichtbar machen und wo viel Farn wächst, sollen in Vollmondnächten die Feen tanzen. An magischen Daten soll man, mit Farnwedeln in den Haaren, die Sprache der Waldtiere verstehen können. Er soll vor Blitz und Unwetter schützen und im Beutel getragen bewahrt er vor allem Bösen.

Anwendung in der Magiepraxis – Farn wird in Schutz- und Glückszaubern verwendet. Seine Wurzel sieht aus wie eine Kinderfaust und so wurde diese im Sonnenwendfeuer geschwärzt und als Glücks- und Schutzamulett getragen. Die Wedel werden für Geld- und Wohlstandszauber verwendet.

Sonstige Anwendungsmöglichkeiten – Wegen seiner Giftigkeit nicht zum Verzehr geeignet. Kissen mit getrockneten Farnwedeln sollen gegen leichten Kopfschmerz und Verspannungen helfen. Frisches Obst, auf Farnwedel gelegt, hat eine längere Haltbarkeit. Äußerlich angewendet bei Krampfadern, Venenentzündungen und rheumatischen Beschwerden.

Duftveilchen

Viola odorata

Standortanforderungen – Humoser Boden, Halbschatten.

Kultur – Das Veilchen blüht von März bis April und wird etwa 15 cm groß. Es ist ein mehrjähriger Bodendecker und nicht anspruchsvoll. Es kann durch Wurzelstockteilung ab September vermehrt werden.

Traditionelle Verwendung im Volksglauben – Die ersten drei Veilchenblüten des Jahres bringen Glück und Gesundheit, wenn man sie verschluckt. Wer Veilchen in der Walpurgisnacht pflückt, der soll drei Blüten bei sich tragen, um einen Liebsten anzuziehen. Früher wurden Veilchenblüten über die Äcker gestreut, um den Frühling und die Fruchtbarkeit zu locken. Bauernregel: Wenn am 19. März schon das Veilchen blüht, kommt die Ernte früh.

Anwendung in der Magiepraxis – Das Veilchen ist den Göttinnen Freya und Venus geweiht. Es ist eine Pflanze der Liebes- und Anziehungsmagie. Da die Farbe Violett auch die Farbe der Magie und Spiritualität ist, erhöhen Veilchen in jedem Zauber dessen Wirkkraft.

Sonstige Anwendungsmöglichkeiten – Veilchenduft vertreibt Kopfschmerzen. Als Waschungsmittel bei Akne und Hautunreinheiten, als Veilchensirup bei bronchialen Erkrankungen, als Tee bei Husten und Verschleimungen, als Bad gegen Stress und Anspannung, als Breiumschlag bei Verbrennungen verwendet. In der Homöopathie bei Ohrenschmerzen, Asthma und Keuchhusten genutzt.

Schlüsselblume

Primula veris

Standortanforderungen – Die Schlüsselblume liebt feuchten, durchlässigen Boden und Halbschatten.

Kultur – Die Schlüsselblume ist ein Primelgewächs und wird ca. 15 cm hoch. Sie ist mehrjährig und blüht von April bis Mai.

Traditionelle Verwendung im Volksglauben – Himmelsschlüssel wurde sie genannt und man sagt, mit ihrer Kraft kann man verborgene Schätze in der Erde finden. Sie symbolisierte im Volksglauben Glück, Wohlstand und Schutz. Der Göttin Freya geweiht, wurde sie später zu einer Pflanze der Gottesmutter Maria und soll die Tür zum Himmel aufschließen können. In der nordischen Mythologie ist die Schlüsselblume die Pflanze der Feen und Elfen. Die Schlüsselblume wurde in Liebesangelegenheiten zu Rate gezogen und für Prophezeiungen verwendet.

Anwendung in der Magiepraxis – Für Wohlstands- und Geldzauber die Blüten unter anderem im Räucherwerk verwenden. Auch für Heilungs-, Liebes- und Glückszauber geeignet.

Sonstige Anwendungsmöglichkeiten – Die Wurzel wird mit Honig gekocht und als Hustensirup genommen. Als Hustentee und zur Stärkung des Herzens. Die Schlüsselblume findet Anwendung bei Schlafproblemen, Herzrasen, Gicht und Rheuma sowie als wohlschmeckende Zutat für Salate und als Marmelade.

Gemeiner Beifuß

Artemisia vulgaris

Standortanforderungen – Jeder Boden, halbschattig bis sonnig.

Kultur – Der Beifuß kann bis zu 180 cm hoch werden und blüht im Juli und August. Kann durch Wurzelstockteilung vermehrt werden. Er ist anspruchslos, als Wildpflanze finden wir ihn häufig an Bahndämmen, Parkplätzen oder Schutthalden.

Traditionelle Verwendung im Volksglauben – Den Namen Artemisia hat die Pflanze von der griechischen Göttin Artemis. Aber auch bei den nordischen Völkern genoss sie hohes Ansehen. Seit jeher ist Beifuß ein Kraut der Frauen und der Geburt. Während der Geburt wurden Beifußgürtel getragen, Beifußtee verabreicht sowie geräuchert, damit die Wehen eingeleitet werden und gute Geister zum Schutze der Mutter und des Kindes gnädig gestimmt werden. „Wer Beifuß im Haus hat, dem kann der Teufel nichts anhaben", ist eine Überlieferung aus dem Mittelalter.

Anwendung in der Magiepraxis – Beifuß eignet sich hervorragend zum Ausräuchern negativer Energien und für Schutz- und Heilungsrituale. Er wird auch verwendet, um seherische Fähigkeiten zu verstärken. Zur Sonnenwende ist er fester Bestandteil magischer Kränze, Gürtel und Räucherungen.

Sonstige Anwendungsmöglichkeiten – Wird als Tee bei Magen-, Gallen- und Leberleiden und Menstruationsbeschwerden angewendet. Er ist wehenfördernd und findet bei der Geburt Verwendung.

Hauswurz

Sempervivum tectorum

Standortanforderungen – Volle Sonne, auf Trockenmauern, an Wegen und Steinen, anspruchslos.

Kultur – Die Hauswurz benötigt nicht viel, sie ist anspruchslos und kommt gut mit sehr wenig Wasser zurecht. Sie blüht etwa von Juli bis September und ist mehrjährig. Um sie zu vermehren, trennt man ihre Ableger ab und pflanzt diese neu ein.

Traditionelle Verwendung im Volksglauben – Die Hauswurz ist dem germanischen Gott Donar geweiht. Sie ist die Beschützerin des Heims vor Unwetter und wurde früher schon auf Hausdächer gepflanzt, deswegen wurde sie auch Dachwurz genannt. Sie war Symbol für das ewige Leben und sollte vor Feuer schützen. Sie ist eng mit den Hausbewohner*innen verbunden. Blüht sie rot, so stirbt entweder jemand oder es steht eine Geburt oder Hochzeit an. Sie wurde auch als Liebespflanze angesehen, sie soll Impotenz verhindern und wurde als Liebeszauber von Frauen in die Milch der Männer gegeben.

Anwendung in der Magiepraxis – Für alle Zauber, die mit Familie und Hausschutz zu tun haben, Wetterzauber, Liebes- und Fruchtbarkeitsrituale.

Sonstige Anwendungsmöglichkeiten – Äußerliche Anwendung bei Verbrennungen, Sonnenbrand, Hühneraugen, Ödemen, Verstauchungen, Stoß- und Schlagwunden, Angina, Ohrenentzündung.

Schwarzes Bilsenkraut

Hyoscyamus niger

Standortanforderungen – Bilsenkraut liebt sandigen und lockeren Boden mit viel Sonne.

Kultur – Bilsenkraut blüht von Juli bis September, seine Anzucht gelingt recht schwer, die Samen kann man im Herbst säen. Nachtschattengewächs, wird bis zu 30 cm hoch. Alle Teile sind giftig!

Traditionelle Verwendung im Volksglauben – Als Beschwörungs- und Zauberkraut wurde es vom einfachen Volk verwendet. Es war Zutat von Flugsalben und wurde gern den Ritualen der schwarzen Magie zugeschrieben. Es galt als Schmerzmittel, aber auch als Todesdroge. Es war Bestandteil früherer Kulttränke, im frühzeitlichen Bier beispielsweise. Verwendung fanden die Samen bei Bandwurmbefall sowie in der Homöopathie unter anderem bei Husten, Epilepsie und Muskelkrämpfen aller Art.

Anwendung in der Magiepraxis – Bilsenkrautblüten und -samen verwendet man für Zauber rund um Verbannungen und Verfluchungen, aber auch für Anziehungszauber und um Vorhaben und Projekte zu unterstützen. Bilsenkraut wird dem Mond zugeordnet und den dunklen Göttinnen Hekate und Hel.

Sonstige Anwendungsmöglichkeiten – Von sonstigen Anwendungen wird abgeraten, da das Bilsenkraut stark giftig ist!

Wildes Stiefmütterchen

Viola tricolor

Standortanforderungen – Benötigt einen durchlässigen Boden, Schatten bis Halbschatten.

Kultur – Das Stiefmütterchen blüht von April bis in den Oktober hinein und ist ein- bis mehrjährig. Es kann bis zu 15 cm groß werden.

Traditionelle Verwendung im Volksglauben – Nach einer alten Sage wurde ein Liebespaar in ein Stiefmütterchen verwandelt, da sie Bruder und Schwester waren. Eigentlich hat die Pflanze ihren Namen von der Blüte. Die oberen Blätter sind der Sitz der Stiefmutter und der beiden leiblichen Töchter, die Stieftöchter müssen sich mit den unteren Blättern zufriedengeben.

Anwendung in der Magiepraxis – Das Stiefmütterchen ist der Venus und der Frigga geweiht und somit eine Blume der Liebesmagie, der Familie und Fruchtbarkeit.

Sonstige Anwendungsmöglichkeiten – Wird in der Homöopathie gegen Nachtschweiß, Ekzeme, Rheuma und Hautausschlag eingesetzt. Sie ist harntreibend und hat schleimlösende Wirkstoffe; wird als Abkochung gegen Juckreiz und Hautentzündungen verwendet. Als kandierte Blüten genießbar.

Den Erdgarten gestalten

Wächtersteine für deinen Garten

Steine eignen sich hervorragend, um das Element Erde zu repräsentieren, und man kann diese auch als Wächter für den Garten einsetzen. An den vier Ecken deines Gartens aufgestellt, schützen die bemalten Steine vor negativen Energien und ziehen Gutes an. Du kannst für wichtige Ereignisse oder spezielle Anliegen eigene Wächtersteine gestalten, die deinen Garten energetisieren.

Du benötigst:

- Steine (die Größe kannst du deinem Garten entsprechend und nach Geschmack wählen, zum Beispiel größere Kieselsteine, Bachkugeln oder große Granitblöcke)
- Bleistift, Acryllack, Acrylstifte, wasserfeste Stifte
- Wetterfestes Lackspray

Tipp

Ich arbeite seit vielen Jahren gern mit einer Kombination aus dem allsehenden Auge, Schutzrunen und dem jeweiligen Symbol oder der Farbe für das Element oder die Himmelsrichtung, in der der Stein platziert wird.

So geht's:

1. Befreie falls nötig deinen Stein von Erde und Schmutz und zeichne das Muster mit Bleistift vor. Lass dabei deiner Fantasie freien Lauf, du kannst zum Beispiel Runen, Spiralen, einen Lebensbaum oder ein allsehendes Auge malen.
2. Bemale deine Steine dann mit wetterfesten Farben oder Stiften.
3. Lasse die Farbe gut trocknen und versiegle das Motiv abschließend mit klarem Lackspray.

Aktivierungsritual für Wächtersteine

Um deine Wächtersteine auf ihre Aufgabe vorzubereiten, kannst du folgendes Ritual abhalten. Dies gelingt am besten in einer Vollmondnacht.

Du benötigst:

- Bemalte Wächtersteine
- Eine Kerze (mit Glas oder Gefäß als Wind- und Funkenschutz)
- Räucherschale, Kohle, Sand
- Räucherwerk wie reines Fichtenharz oder eine Schutzmischung (S. 135)
- Schale oder Kelch mit Wasser
- Mehl
- Holundersaft oder Rotwein

So geht's:

1. Stelle dich in die Mitte deines Gartens und lege dir alle benötigten Materialien zurecht.
2. Zünde zuerst die Kerze und dann das Räucherwerk an.
3. Gehe dann langsam im Uhrzeigersinn dreimal mit deiner Räucherschale durch den Garten. Die Zahl Drei steht dabei für den ewigen Zyklus von Wachsen, Werden und Vergehen.
4. Sprich dabei dreimal: *„Ich ehre Wind, Wasser, Sonne und Erde, auf dass dieser Garten ein Teil meiner Magie werde."*
5. Nimm nun deinen Wächterstein, halte ihn über das Räucherwerk und sage: *„Bei den Kräften des Ostens, der Luft, lass diesen Stein mein Gartenschützer sein."*
6. Dann halte den Stein über deine Kerzenflamme und sprich: *„Bei den Kräften des Südens, des Feuers, lass diesen Stein mein Gartenschützer sein."*
7. Tropfe ein wenig Wasser über deinen Stein und wiederhole: *„Bei den Kräften des Westens, des Wassers, lass diesen Stein mein Gartenschützer sein."*
8. Streue ein wenig Mehl über den Stein und sprich: *„Bei den Kräften des Nordens, der Erde, lass diesen Stein mein Gartenschützer sei."*
9. Nun platziere den Stein dort, wo du meinst, dass er hingehört. Wenn der Wächterstein platziert ist, gieße etwas Holundersaft oder Rotwein darauf und sprich: *„Mit dem Blut von Mutter Erde dieser Stein lebendig werde. Zum Schutz und gutem Gelingen soll er diesem Garten Wachstum und Wohlstand bringen."*
10. Bei mehreren Steinen wiederholst du die Schritte 5 bis 9 für alle Steine.
11. Belasse das Räucherwerk und die Kerze im Garten. Die Kerze sollte nun so lange in der Nähe des Steins brennen, bis sie von selbst erloschen ist.

Den Erdgeistern ein Haus bauen – die Koboldhöhle

Richte den Erdwesen ein Heim im Erdteil deines Gartens ein – vielleicht sogar direkt unter dem Holunderstrauch. Wer einen Erdgeist im Garten beherbergt, dem sind ein glückliches Händchen und Erfolg beim Gärtnern sicher. Kobolde, Feen und andere Erdgeister fühlen sich in kleinen Höhlen und Häuschen aus Blättern, Wurzeln und Steinen besonders wohl. Aber auch andere Gartengäste wie Igel und Insekten finden dort Zuflucht.

Du benötigst:

- Blumentopf aus Ton
- Kleine Steine, Rindenstückchen, Moos, kleine Zweige
- Kleber, wetterbeständig
- Dekorationselemente (zum Beispiel kleine Pilze, Kristalle, Zweige, kleine Figuren)

So geht's:

1. Beklebe die eine Hälfte des Blumentopfes innen und außen mit Moos und kleinen Stücken Baumrinde.
2. Lasse alles gut trocknen.
3. Vergrabe den Topf so, dass dieser mit der Mooshälfte aus der Erde schaut.
4. Dekoriere die Höhle so, wie es einem Gartenkobold gefallen würde.

Variation:

Den oberirdischen Teil des Topfes mit Hauswurz und lebenden Moosen bepflanzen.

Aktivierungsritual für die Koboldhöhle

Du benötigst:

- Räuchermischung mit Wacholder (S. 135)
- Räucherschale, Kohle, Sand
- Eine Kerze (mit Glas oder Gefäß als Wind- und Funkenschutz)
- Etwa einen Esslöffel Milch
- Etwa einen Teelöffel Honig

So geht's:

1. Stelle in der Dämmerung (am besten zu Vollmond) eine Räucherschale in oder vor die Koboldhöhle, räuchere und stelle eine Schale Milch und ein kleines Tellerchen Honig hinein oder davor.
2. Wenn du die Kerze entzündest, sprich dreimal laut: *„Ich rufe die Geister der Erde und bitte, dass dieser Platz von Euch beseelt werde."*
3. Verlasse nun den Platz und lasse die Kerze über Nacht brennen. Am nächsten Morgen kannst du nachsehen, ob die Milch und der Honig noch dort sind.
4. Wiederhole das Ritual drei Abende hintereinander.

Magisch räuchern mit den Pflanzen aus dem Erdgarten

Diese Räuchermischungen unterstützen dich bei Ritualen zu erdverwandten Themen wie Schatten- und Ahnenarbeit, bei Wachstums- und Wohlstandsritualen und magischen Handlungen, die die Fruchtbarkeit oder ein stabiles Familienleben beeinflussen. Scheue dich aber nie, zu experimentieren und dir so deine persönliche Lieblingsmischung für jedes Element zusammenzustellen.

Schutz der Ahnen

Mischung für ca. 50 g:

- 10 g Wacholdernadeln oder -holz
- 5 g Wacholderbeeren
- 5 g Holunderbeeren
- 5 g Erdrauch
- 10 g Beifußkraut
- 15 g Fichtenharz

Wohlstand rufen

Mischung für ca. 50 g:

- 5 g Schlüsselblumenblüten
- 10 g Waldmeisterkraut
- 10 g Holunderblüten
- 5 g Veilchenblüten
- 20 g Fichtenharz

Wachstum und Erdverbindung

Mischung für ca. 50 g:

- 15 g Beifußblüten
- 10 g Holunderblüten
- 5 g Wacholderbeeren
- 15 g Fichtenharz
- 5 g Veilchenblüten

RÄUCHERMISCHUNGEN HERSTELLEN

Du benötigst *(Räucherutensilien findest du online oder im Fachhandel)*:

- Getrocknete Pflanzenteile und Harze
- Mörser und Stößel
- Luftdicht verschließbares Gefäß, Glas oder Fläschchen zur Aufbewahrung
- Feuerfeste Schale, Sand und Räucherkohle

So geht's:

1. Alle Pflanzenteile sollten gut getrocknet sein. Wiege oder messe deine Zutaten.
2. Zerkleinere die Pflanzen, Blüten und Beeren und bei Bedarf auch größere Harzklumpen mit einem Mörser, damit sich ihr Aroma voll entfalten kann.
3. Vermische alle Zutaten und gib sie in ein luftdichtes Gefäß zur Aufbewahrung.
4. Zum Räuchern füllst du ausreichend Sand in die Räucherschale, entzündest die Kohle und platzierst sie auf dem isolierenden Sand. Warte etwa 5 Minuten, bis die Kohle gut durchgeglüht ist.
5. Sobald die Kohle weißlich grau ist, kannst du etwa einen bis eineinhalb Teelöffel der Räuchermischung in die vorgefertigte Einbuchtung der Tablette geben.
6. Lasse nach der Räucherung die Kohle vollständig erkalten, bevor du das Räucherwerk entfernst und das Schälchen reinigst.

Zauber mit Erdpflanzen

Wacholderbeeren-Armband für Schutz und Heilung

Wacholder kann vielseitig in der Magie verwendet werden. Man sagt ihm nach, dass er den Weg zu den Ahnen eröffnet. Zudem kann Wacholder für Schutz- und Reinigungsrituale verwendet sowie für Heilungs- und Liebeszauber genutzt werden. Fertige dieses Armband aus Wacholderbeeren an einem Montag bei abnehmendem Mond, um Krankheiten abzuwehren und Heilung zu bewirken.

Du benötigst:

- Nadel und Faden
- Wacholderbeeren
- Optional: Räucherwerk mit Wacholder

So geht's:

1. Fädle die frischen Wacholderbeeren eine nach der anderen mit Nadel und Faden zu einer Kette auf. Konzentriere dich dabei darauf, dass es dir bald besser gehen wird.
2. Bei jeder Beere sprich:
   Wacholdergeist, ich bitt dich dreist:
   wie die Beeren sich drehen,
   lass Heilung geschehen.
   Wenn sie schwinden,
   werde ich die Krankheit überwinden.
3. Knote das Armband an deinem linken Handgelenk zusammen und trage es beständig. Wenn die Beeren vertrocknet sind oder das Armband abfällt, vergrabe es in deinem Garten. Dann ist die Krankheit überwunden.

Magischer Schutzessig der vier Diebe

Einer Legende nach sollen sich vier Plünderer zur Zeit der Pest-Epidemie in Südfrankreich (ab 1720) durch diese Tinktur vor Ansteckung geschützt haben. Vor Gericht bot man ihnen Straffreiheit an, sofern sie das Geheimnis ihrer Immunität preisgeben würden – was sie in Form eines Duftstoffrezepts taten. Der Essig galt als mächtiges Mittel, um Schaden, Neid, den bösen Blick und Krankheit von Haus und Hof fernzuhalten. Dieser magische Essig eignet sich für die spirituelle Reinigung von Gegenständen und zum Beispiel im Wischwasser zur Hausreinigung.

Grundrezept für 500 ml Essig:

- 500 ml Apfel- oder Weinessig
- Je 1 Esslöffel Salbei, Lavendelblüten, Rosmarin, Thymian, Pfefferminze, Zitronenmelisse, Beifuß, Angelikawurzel
- 3 Knoblauchzehen
- 3 Gewürznelken
- 5 zerstoßende Wacholderbeeren
- ½ TL gemahlener Zimt
- ½ Muskatnuss, gemahlen

So geht's:

1. Alle Kräuter grob zerkleinern, Wacholderbeeren und Nelken im Mörser grob zerstoßen, Knoblauch in feine Scheiben schneiden.
2. Alle Zutaten zusammen mit dem Essig in ein verschließbares Glasgefäß geben und 14 Tage an einem warmen Ort ziehen lassen, täglich schütteln.
3. Danach abfiltern und in eine saubere Flasche füllen. Braunglas eignet sich gut, da der Essig darin länger haltbar bleibt.

Anwendung:

Zum Reinigen von Amuletten und magischen Gegenständen. Einreibungen der Kerzen vor Kerzenzaubern oder zum Reinigen deiner Haustüren und Fenster. Schützt vor Neid und Missgunst und böswilligen Besucher*innen. Soll auch gegen Spuk und Geister wirken.

Erdmeditation, um mit deinem Garten in Kontakt zu treten

Nutze diese erdende Meditation, um tief in dich selbst und in deinen Garten hineinzulauschen. Ziehe Kraft und Stabilität aus deinen inneren Wurzeln und stimme dich noch besser auf die dich umgebenden Pflanzen und deren Energien ein.

Setze dich bequem, aber möglichst aufrecht in deinem Garten auf die Erde. Entzünde vor dir ein passendes Räucherwerk für die Erdkräfte. Entspanne dich und ordne deine Gedanken. Schaue einen Moment dem Rauch deines Räucherwerkes zu und dann schließe deine Augen.

Gehe nun von der Brustatmung in die Bauchatmung. Dabei kannst du probehalber deine Hände auf deinem Bauch platzieren, um bewusst in deinen Bauch zu atmen. Danach lege die Handflächen rechts und links von dir auf die Erde. Um dich voll zu konzentrieren, solltest du deine Augen dabei immer geschlossen halten, somit wirst du nicht abgelenkt.

Stelle dir nun vor, wie die Luft, die du einatmest, deinen Körper erfüllt. Atme mit jedem Atemzug bewusst tiefer: in deinen Bauch, dann in den unteren Rücken und in das Steißbein, in die Sitzfläche und die Oberschenkel. Danach in die Knie, in die Unterschenkel, die Fußknöchel und in die Füße. Lass dir dabei Zeit, sei einfach entspannt. Versuche dich bei jedem Atemzug, den du ausatmest, zu entspannen, um den Stress des Tages zu entlassen.

Wenn du so weit bist, stelle dir vor, wie aus deinen Handflächen und deinem Steißbein Wurzeln wachsen. Bei jedem Atemzug, den du ausatmest, dringen diese Wurzeln tiefer in die Erde deines Gartens hinein. Stell dir die verschiedenen Erdschichten vor, die sie durchdringen.

Im Idealfall hast du nach kurzer Zeit das Gefühl, gehalten und geschützt zu sein. Spüre, wie stabil und fest du mit der Erde verwurzelt bist. Vielleicht wird dir sogar ein wenig warm dabei. Fühle in deine Wurzeln hinein, vielleicht ruft eine Pflanze in deinem Garten nach dir? Oder du bekommst ein Bild, ein Wort oder eine Botschaft.

Bleibe die ersten Male nur so lange, wie deine Konzentration es zulässt. Ein Ritual lebt von dem rituellen Handeln, der Wiederholung, du solltest deshalb nichts erzwingen.

Stelle dir dann nach einer Weile vor, wie du deine Wurzeln wieder ganz langsam zu dir zurückziehst. Bei jedem Atemzug, den du einatmest, ziehst du deine Wurzeln bewusst ein Stück aus der Erde heraus.

Wenn du wieder in deinem Körper angekommen bist, öffne sanft die Augen. Bedanke dich bei der Erde und räuchere vielleicht noch ein wenig. Als Dank kannst du danach deinem Garten etwas Gutes tun, in Form von Wasser oder kleinen Opfergaben, wie Vogelfutter, Düngung etc.

Wenn du diese Übung regelmäßig machst, kannst du Botschaften und Stimmungen erhalten, die deinen Garten und deine Pflanzen betreffen. Vertraue dabei ruhig deiner inneren Stimme und deinem Gefühl.

Tipp

Beginne deine Erdmeditation ab und zu bei einer anderen Pflanze. Schau, ob die Energien anders sind, vielleicht verhilft dir der Holunder zu einer besseren Reise in die Erde hinein oder der Wacholder hält eine besondere Botschaft für dich bereit.

ELEMENT LUFT

Das Element Luft in der Magie

Das Element Luft ist untrennbar mit unserem Leben und jedem Atemzug verbunden. Das unsichtbare, schwebende Element ist besonders mit dem Geist und unseren mentalen Aufgaben verknüpft. In der Zauberei ist diese gedankliche Welt besonders wichtig, denn der Realisation von Magie geht immer die Vorstellung und Visualisierung des Ergebnisses voraus. Das Element Luft trägt unsere Vorstellungen weiter und so gehören Fantasie und Intuition, aber auch Konzentration, Logik und Lernen zum Aufgabenbereich dieses Elements.

Luft

auf einen Blick

Themen: Konzentration, Lernen, Spiritualität, Intuition, Loslassen, Leichtigkeit, Flexibilität, Neuanfang, Düfte und Räucherungen

Jahreszeit: Frühling

Jahreskreisfeste: Imbolc und Ostara

Himmelsrichtung: Osten

Tageszeit: Morgen

Farben: Weiß, Hellgrau, Hellblau

Sternzeichen: Wassermann, Zwilling, Waage

Kräuter und Pflanzen: aromatische Pflanzen, Duft- und Räucherpflanzen, Kletterpflanzen, Frühjahrsblüher, Erkältungs- und Atemwegskräuter

Bäume: Vogelbeere, Mispel, Pappel

Symbole: Federn, Vögel, Wolken, Wind, Schmetterlinge

Gottheiten: Flora, Athena/Minerva, Maia, Iris, Mut, Kybele, Eostre, Ostara, Hermes/Merkur, Apollo, Euros, Zeus/Jupiter, Donar/Thor

Elementarwesen: Elfen, Engel, Feen, Sylphen

Edelsteine: Jade, Topas, Saphir, Fluorid

Frischer Wind

Das Element Luft ist buchstäblich immer um uns herum. Es umgibt und durchdringt uns, und mit jedem Atemzug, den wir tätigen, sind wir mit seiner Kraft und der erfrischenden Energie verbunden. Pflanzen spielen dabei eine entscheidende Rolle, denn sie produzieren den Sauerstoff, den wir zum Überleben benötigen.

Die belebenden Eigenschaften der Luft und des Windes bringen Klarheit und Leichtigkeit, geistige Erholung und mentale Frische. Das Element steht für Wissen, Konzentration, Aufmerksamkeit und neue Ideen. Der Frühling, mit seinen kühlen Temperaturen und dem sich andeutenden Energieschub, wenn die ersten Blüten austreiben, symbolisiert den Tatendrang und das Prinzip des Neubeginns der Luft ebenso gut wie die der Luft zugeordnete Tageszeit frühmorgens und die Himmelsrichtung des Sonnenaufgangs im Osten. Die Gottheiten des Luftelements stehen für Weisheit, Intelligenz und geistige Errungenschaften ebenso wie für Lebensfreude, Neubeginn und die Welt der Natur. Seine Elementarwesen sind leichtfüßige, oft fliegende Begleiter, wie Engel, Elfen und Feen.

Doch auch das körperlose Element der Luft kann zerstörerisch und gefährlich wirken: Winde und Stürme sind nicht aufzuhaltende Naturgewalten, die Häuser abdecken und Ernten zerstören können. Zur Besänftigung wurden den Elementargeistern des Windes mit dem Räuchern duftender Blüten, Wurzeln und Harze geopfert. Das Räuchern ist die wichtigste magische Handlung, um das Luftelement zu ehren und der Geruchssinn steht in besonders enger Verbindung zu diesem Element, denn hier erfahren wir die Welt durch Düfte. Das erklärt auch, weshalb insbesondere duftende und aromatische (Räucher-)Pflanzen und -Kräuter dem Element zugeordnet werden.

Die Energie der Luft magisch nutzen

Das Luftelement wird in der Hexerei durch Duft und Rauch repräsentiert und geehrt. Insbesondere das rituelle Räuchern ist diesem Element gewidmet. Dabei werden feste Bestandteile in Rauch aufgelöst und dieser trägt unsere Botschaft zu den Göttern. Auch das Arbeiten mit ätherischen Ölen gehört zur Luft-Magie: „Ätherisch" heißt übersetzt so viel wie „nicht fest" oder „flüchtig" und ist damit perfekt geeignet, dem körperlosen Element zu entsprechen. Auch Klänge sind flüchtig und von Luft getragen. Daher ist jede Art des Musizierens und Singens in der magischen Praxis ein Ausdruck des Luftelements. Nicht zuletzt sind alle Formen der rhythmischen Atemtechnik, Meditationspraxis, Traumdeutung und schamanischen Geistreisen Ausdruck des mentalen und intuitiven Charakters dieses Elements.

- Binde Kräutersträuße und -bündel, die du segnest und aufhängst. Bei Bedarf kannst du diese verbrennen, um Negatives zu vertreiben oder dem Element und den Göttinnen und Göttern für ihren Beistand zu danken.
- Verarbeite Federn zu luftiger Dekoration oder hänge Klang- und Windspiele auf, um die Windenergie zu ehren und das Luftelement in deinem Garten- oder Praxisraum zu verstärken.
- Windzauber und Wettermagie gehören ebenfalls zu diesem Element: Traditionell wurden von Hexen starke Winde in einem geknoteten Seil gebunden. Bei Flaute auf hoher See lösten Seeleute einen Knoten nach dem anderen, um die Winde freizulassen und die Segel zu füllen.
- Öffne und erweitere deinen Geist durch eine regelmäßige Meditationspraxis oder schamanische Reisen. Notiere dir deine Träume und übe dich in Traumdeutung. Auch eine regelmäßige, kontrollierte Atemtechnik hilft dir, dem Luftelement in deinem Leben mehr Raum zu geben.

Wetterzauber und Sturmmagie

Vor allem, wenn es um Vorhersagen zu kalten Wintern oder trockenen Sommern ging, waren Wetterzauber bereits bei unseren Vorfahren ein wichtiges Thema. Im Allgemeinen wird den traditionellen Wetterpflanzen und „Berufskräutern" nachgesagt, dass sie durch Verräuchern Blitz, Hagel, Sturm und Hochwasser besänftigen und somit Haus und Hof und deren Bewohner*innen schützen. Die Bekanntesten unter den Wetterpflanzen sind das Johanniskraut, der Rainfarn, die Königskerze und die Hauswurz. Auch die Gundelrebe sollte die Wettergeister milde stimmen. Dazu wurden Kräuterbüschel und -Puppen gebunden und geräuchert, um Haus und Hof vor Unwetter und Blitzschlag zu schützen und für Mensch und Tier Gesundheit zu erhalten und zu bewahren. Solche „Kräutermütter" wurden mit einem dreifachen Zauber belegt, um sie bei ganz schlimmen Unwettern, Überschwemmungen und Kälteeinbrüchen im Hoffeuer den Gottheiten zu opfern. Es gibt aber auch Wetterpflanzen zum Rufen von Regen, Sturm oder Gewitter, um beispielsweise Dürren zu beenden.

Leider sind viele dieser Rituale, die für unsere Ahnen selbstverständlich waren, fast vergessen oder schon in frühen Zeiten verboten worden. In der Überlieferung gibt es auch allerlei Wettermagie, die nur bedingt wirksam ist. Wir modernen Hexen haben verstanden, dass kein Zauber uns die völlige Kontrolle über das Wetter geben kann. Das soll aber keineswegs heißen, dass Wetterzauberei unmöglich wäre. Lokal kann man immer versuchen, ein wenig „nachzuhelfen", allerdings nur, soweit die Natur es zulässt – wir können im Winter keinen Sommer zaubern oder umgekehrt.

Wetterzauber, um Regen heraufzubeschwören

Du benötigst:

- Eine Stumpenkerze
- Einen feuerfesten Kessel oder eine Feuerschale
- Je ein Bund getrockneten Beifuß, Johanniskraut und Kamille
- Einen großen Holzlöffel

So geht's:

1. Wetterzauber, egal welcher Art, werden immer draußen abgehalten. Entzünde den Beifuß an der Kerze und warte, bis er brennt. Dann lege ihn in die Feuerschale und sprich dabei: *„Ich rufe die Kraft der Götter! Komm zu mir, Regen, bringe uns deinen Segen!"*
2. Nun nimm das Johanniskraut und entzünde es an der Kerze. Lege es in die Feuerschale und sprich: *„Ich verbrenne Hartheu, auf dass sich der Regen nicht scheu!"*
3. Entzünde die Kamille und sprich, wenn sie brennt: *„Kamille, Kamille, Regen ist mein Wille!"*
4. Wenn die Kräuter verbrannt sind und nur noch Glut vorhanden ist, rühre mit dem Kochlöffel dreimal gegen den Uhrzeigersinn und sprich: *„Beifuß und Johannikraut, auf dass sich Regen zusammenbraut. Und die Kamille, dies ist mein Wille! Möge es niemandem Schaden. So sei es, so will ich es haben!"*
5. Nimm die Asche und puste diese in die vier Himmelsrichtungen. Sollte das gewünschte Wetter eintreten, bedanke dich laut.

Das Luftbeet

Dein Luftgarten sollte nach Osten ausgerichtet sein. Luftig-leichtes sollte er widerspiegeln, mit viel Licht und zierlichen Pflanzen, die sich im Wind bewegen und Schmetterlinge und andere Insekten anziehen. Hier finden sich Pflanzen, die wunderbar duften und traditionell zum rituellen Räuchern verwendet werden. Mit kleinen Figuren von Vögeln, Feen, Engeln oder Elfen und bunten Fahnen und flatternden Bändern sorgst du für Leben in deinen Beeten und machst die Anwesenheit des Elements in deinem Garten spürbar. Ein Klang- oder Windspiel gibt dem Wind eine Stimme und erfreut beim kleinsten Lufthauch, und eine Schaukel oder Sitzecke lädt zum Verweilen ein.

- **Luftpflanzen für Geld- und Wohlstandszauber:** Fenchel, Akelei, Pfefferminze, Anis, Labkraut
- **Luftpflanzen für Schutzzauber:** Salbei, Anis, Akelei, Lavendel, Eisenkraut, Eberraute
- **Luftpflanzen für Heilungszauber:** Salbei, Lavendel, Pfefferminze, Fenchel, Kerbel
- **Luftpflanzen für Reinigungsrituale:** Lavendel, Salbei, Alant, Erdrauch

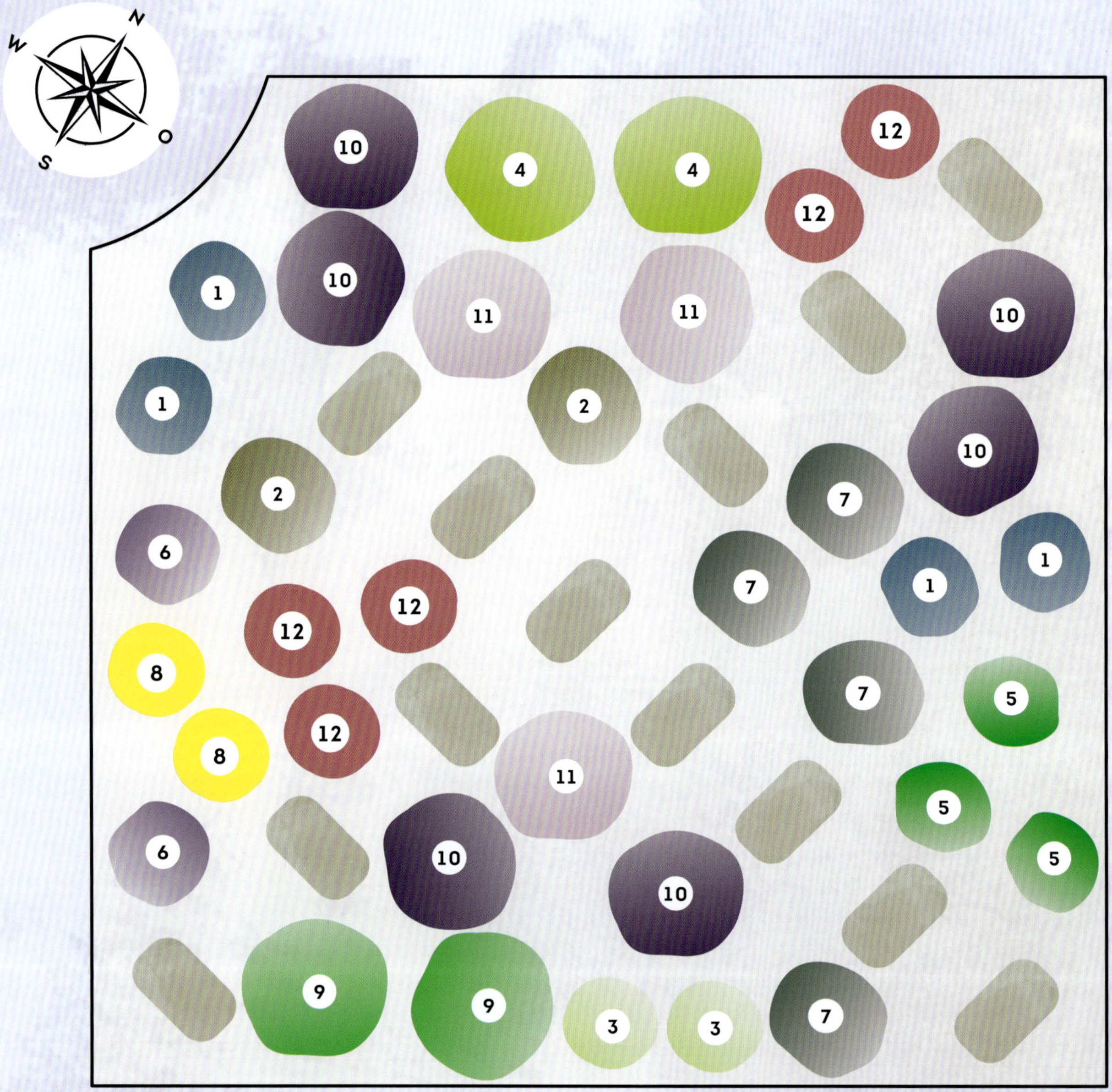
N
W
O
S
10
4
4
12
12
1
10
11
11
10
1
2
10
2
7
6
7
1
1
12
12
8
7
5
12
8
11
5
6
10
10
5
9
9
3
3
7

4x4m

	PFLANZEN-NAME LATEINISCH	PFLANZEN-NAME DEUTSCH	LICHT-BEDARF	WASSER-BEDARF	STANDORT-ANSPRUCH, NÄHRSTOFF-BEDARF	SAAT-/PFLANZ-ZEITRAUM	ANMER-KUNGEN
1	*Aquilegia vulgaris*	**Akelei**	Sonne bis Halbschatten	mäßig bis hoch	Lehmboden, kalkhaltiger Boden	Frühjahr bis Sommer	mehrjährig, leicht giftig
2	*Artemisia abrotanum*	**Eberraute**	Sonne	gering	trockener Boden	Frühjahr	mehrjährig
3	*Pimpinella anisum*	**Anis**	Sonne	gering	leichter Boden	Frühjahr	einjährig
4	*Foeniculum vulgare*	**Fenchel**	Sonne	gering bis mäßig	durchlässiger Boden	zeitiges Frühjahr	zwei- bis mehrjährig
5	*Alliaria petiolata*	**Knoblauchsrauke**	Halbschatten bis Schatten	hoch	nährstoffreicher Boden	Frühjahr	zweijährig
6	*Verbena officinalis*	**Echtes Eisenkraut**	Sonne	gering	trockener Boden	Frühjahr	mehrjährig
7	*Mentha x piperita*	**Pfefferminze**	Sonne bis Halbschatten	hoch	frischer Boden	Frühjahr	mehrjährig
8	*Galium verum*	**Echtes Labkraut**	Sonne bis Halbschatten	mäßig	jeder Boden	Frühjahr	mehrjährig
9	*Petroselinum crispum*	**Petersilie**	Sonne	mäßig bis hoch	tiefer, guter Boden	zeitiges Frühjahr bis Frühsommer	zweijährig
10	*Lavandula officinalis*	**Echter Lavendel**	Sonne	mäßig	wasserdurch-lässiger Boden	August	mehrjährig
11	*Salvia officinalis*	**Echter Salbei**	Sonne bis Halbschatten	mäßig	durchlässiger Boden	Frühjahr	mehrjährig
12	*Fumaria officinalis*	**Erdrauch**	Sonne bis Halbschatten	gering	kalkhaltiger Boden	Frühjahr	einjährig
WEITERE PFLANZEN FÜR DAS LUFTBEET							
	Anthriscus cerefolium	**Echter Kerbel**	Halbschatten	gering	frischer Boden	Frühjahr bis Herbst	einjährig
	Artemisia dracunculus	**Estragon**	Sonne	hoch	magerer Boden	Anzucht drinnen ab Winter	mehrjährig
	Borago officinalis	**Borretsch**	Sonne	mäßig	jeder Boden	Frühjahr bis Frühsommer	einjährig
	Carum carvi	**Kümmel**	Sonne	mäßig	magerer Boden	zeitiges Frühjahr oder Hochsom-mer	zweijährig
	Cytisus scoparius	**Besenginster**	Sonne bis Halbschatten	mäßig bis hoch	jeder Boden	Anzucht drinnen ab April	mehrjährig, giftig
	Origanum majorana	**Majoran**	Sonne	mittel	nährstoffreicher Boden, geschützte Lage	Frühling	ein- bis mehrjährig
	Pulmonaria officinalis	**Echtes Lungenkraut**	Halbschatten bis Schatten	mäßig bis hoch	feuchter Boden	Frühling	mehrjährig
	Rumex acetosa	**Wiesen-sauerampfer**	Sonne bis Halbschatten	hoch	feuchter Boden	Frühling	mehrjährig
	Trigonella foe-num-graecum	**Bockshornklee**	Sonne bis Halbschatten	mäßig	jeder Boden	Frühling	einjährig

Akelei

Aquilegia vulgaris

Standortanforderungen – Lehm- oder Kalkboden, Halbschatten bis Sonne.

Kultur – Akelei ist ein Hahnenfußgewächs, das bis zu 80 cm hoch werden kann. Sie ist mehrjährig und gehört zu den Lichtkeimern. Sie wird im Frühling ausgesät und kann notfalls im ersten Herbst verpflanzt werden.

Traditionelle Verwendung im Volksglauben – Die Akelei ist ein Symbol des Lebens. Als Pflanze der Göttin Frigga wird sie als Schutzpflanze für Haus und Familie verwendet. Ihre Blüten und Samen finden in Schutz- und Reinigungszaubern Verwendung. Ihre Blüte ähnelt dem Pentagramm, welches das Zeichen der Hexen und Zauberer ist. Sie gilt als Elfen- und Feenblume. Leider sind viele Wildsorten heute ausgestorben.

Anwendung in der Magiepraxis – Um sich der Hilfe der Feen und Elfen zu versichern, sollte die Akelei in keinem Zauber- und Hexengarten fehlen. Ihre Blüten und Samen sind bei jeder Art von Gegenzauber zu empfehlen.

Eberraute

Artemisia abrotanum

Standortanforderungen – Trockener Boden, volle Sonne.

Kultur – Korbblütler, der bis zu 1 m hoch werden kann. Eberraute ist ein Halbstrauch und kann durch Stecklinge im März oder Oktober vermehrt werden. Sie blüht von Juli bis September und die Aussaat sollte im Frühling geschehen.

Traditionelle Verwendung im Volksglauben – Um besser zielen zu können, steckten sich die Jäger ein Sträußchen Eberraute an den Hut. Die volkstümliche Bezeichnung für Eberraute ist im Englischen „maiden's ruin" („Jungfernverderb", „Jungfernleid"), was auf die Wirkung als Aphrodisiakum anspielt. Wer die Liebe eines Mädchens gewinnen wollte, musste ihr einige Zweige unter das Schürzenband stecken.

Anwendung in der Magiepraxis – Wird in der modernen Magie eher als Räucherwerk gegen Energie-Vampire und negative Energien verwendet. Sie erhöht den Eigenschutz und die Konzentration. Klärt und reinigt den Geist und den Körper. In Räucherwerk kann man sie als Weihrauchersatz nehmen.

Sonstige Anwendungsmöglichkeiten – Wirkt harn- und schweißtreibend. Zur Magenstärkung gegen Parasiten, sparsam eingesetzt als Würzmittel und in Getränken. Im Kleiderschrank gegen Motten und Fliegen. Bei Menstruationsbeschwerden und bei Appetitlosigkeit.

Anis

Pimpinella anisum

Standortanforderungen – Leichter, nährstoffreicher Boden, volle Sonne.

Kultur – Anis ist ein Doldengewächs, welches etwa 45 cm hoch wird und einjährig ist. Die Aussaat erfolgt im April und Mai direkt in das Beet. Anis blüht von Juli bis August.

Traditionelle Verwendung im Volksglauben – Anis wurde zu Lichtmess (Imbolc) in Brote gebacken, um sich von innen zu reinigen, aber auch um sich vor dämonischen Besetzungen zu befreien oder zu schützen. Als Aphrodisiakum ist Anis in ganz Europa verbreitet und diente besonders im Norden Deutschlands als Ritual- und Opferspeise zu Erntedank- und Hochzeitsfesten. In der Tasche oder in einem Beutel getragen, dienten die Samen als Schutz vor bösen Geistern. Mit Anis sollen Stürme und Winde gerufen werden können.

Anwendung in der Magiepraxis – In Reinigungsbädern und als Schutz vor Besetzungen. In Räuchermischungen gegen Geister und Spuk sowie gegen Verfluchungen und Verhexungen. Eingesetzt bei der Arbeit mit den Windgeistern und Luftelementen.

Sonstige Anwendungsmöglichkeiten – Anis wirkt bei Reizhusten und Bronchialleiden schleimlösend. Anissamen, gekaut, verbessern den Atem und die Verdauung. Anis ist leicht östrogenhaltig.

Fenchel

Foeniculum vulgare

Standortanforderungen – Durchlässiger Boden, volle Sonne.

Kultur – Doldengewächs, welches von Juli bis September blüht und etwa 1 Meter hoch werden kann. Es ist zwei- bis mehrjährig und kann ab April im Freiland ausgesät werden. Eine Vermehrung durch Wurzelstockteilung ist möglich. Fenchel sollte etwa alle 3 Jahre neu gesät werden.

Traditionelle Verwendung im Volksglauben – Fenchel wurde zusammen mit einem Silberstück, Brot und Salz in einem Säckchen im Garten vergraben, um Wohlstand und Fruchtbarkeit anzuziehen. Wenn eine Frau in der Schwangerschaft viel Fenchel isst, bekommt sie einen Jungen, so die Überlieferung. Fenchel soll Verhexungen sichtbar werden lassen.

Anwendung in der Magiepraxis – Fenchel ist der Göttin Cerridwen und der Göttin Hera geweiht. Er stärkt die mentale Energie und verstärkt jeden Zauber. Auch gegen Schadenzauber und Flüche. In Räuchermischungen bei Heilungsritualen sehr beliebt.

Sonstige Anwendungsmöglichkeiten – Appetitanregend, verdauungsfördernd, beruhigend, krampflösend. Als Tee bei Magen- und Darmverstimmungen, gegen Husten und Bauchweh. Bei Menstruationsbeschwerden und Blähungen.

Knoblauchsrauke

Alliaria petiolata

Standortanforderungen – Nährstoffreicher, feuchter Boden, Halbschatten.

Kultur – Kreuzblütler, der etwa 40 cm hoch wird. Die Knoblauchrauke blüht von April bis Juni und ist zweijährig. Die Aussaat ist im zeitigen Frühjahr.

Traditionelle Verwendung im Volksglauben – Sie gehört zu den ältesten Gewürzpflanzen in Deutschland und war sicherlich schon weit vor dem Mittelalter bekannt. Sie wurde als Gewürz und als Salat von den Bauern gegessen und gilt als das Gesundheitskraut der armen Leute. Auch wurde sie früher zu Heilzwecken verwendet.

Anwendung in der Magiepraxis – Sie findet in der Küchenmagie Anwendung, zum Ausschwemmen von stagnierenden Winterenergien als Kraut in Suppen, Eintöpfen oder als Aufstrich. In Kräuterbündeln gegen negative Energien. Ihre getrockneten Blüten bei Heilungs- und Reinigungszaubern.

Sonstige Anwendungsmöglichkeiten – Wundheilend, schleimlösend und desinfizierend. Des Weiteren bei Insektenstichen und entzündetem Zahnfleisch. Als Gewürz in Salaten, Eintöpfen, als Frühjahreskur zur Stärkung der Abwehrkräfte bei Gemüse und Fleischspeisen, in Quark und der Grünen Soße.

Echtes Eisenkraut

Verbena officinalis

Standortanforderungen – Trockener Boden und volle Sonne.

Kultur – Das Eisenkraut ist eine mehrjährige Pflanze, die von Juni bis August blüht und etwa 40 cm hoch werden kann. Die Aussaat kann im zeitigen Frühjahr erfolgen.

Traditionelle Verwendung im Volksglauben – War schon bei den Germanen ein Kraut der Stärke und des Schutzes. Es wurde in Gärten gegen Unwetter und Dämonen gepflanzt und Kindern in die Kleidung genäht, um ihnen das Lernen zu erleichtern und sie stark zu machen. Schmiede kühlten glühendes Eisen in einem Sud aus Wasser und Eisenkraut ab, weil man meinte, dass es dadurch stärker würde, deswegen auch der Name „Eisenkraut".

Anwendung in der Magiepraxis – Eisenkraut ist ein starkes Schutzkraut und wird bei allen Schutzzaubern, auch bei Ritualen rund um neue Kraft und Lernprozesse eingesetzt. Talisman bei Prüfungen, Abschluss von Geschäften und Verträgen, zur Stärkung des Körpers und des Geistes, für Heilzauber und Wetterzauber. Eisenkrauttee erhöht das Bewusstsein und die Sensibilität und wird oft vor Ritualen und spirituellen Handlungen getrunken.

Sonstige Anwendungsmöglichkeiten – Kräftigend, blutverbessernd, nervenstärkend, fiebersenkend, wundheilend, leberreinigend. Bei schlechtem Atem als Gurgelwasser.

Pfefferminze

Mentha x piperita

Standortanforderungen – Nährstoffreicher, feuchter Boden, Sonne bis Halbschatten.

Kultur – Pfefferminze ist ein Lippenblütler, sie ist mehrjährig und kann bis zu 80 cm hoch werden. Die Aussaat kann im Frühjahr erfolgen, die Vermehrung erfolgt durch Ausläufer im Herbst. Pfefferminze blüht von Juni bis August.

Traditionelle Verwendung im Volksglauben – Laut griechischer Mythologie wurde die Nymphe Minthe in dieses Kraut verzaubert. Minze gilt als Symbol der Gastfreundschaft und als lebensbejahende, treibende Kraft.

Anwendung in der Magiepraxis – Für Heilungs- und Reinigungsräuchermischungen, Rituale und Zauber. Vertreibt negative Energien. Minztee, vor dem Schlafengehen getrunken, fördert hellsichtige Träume.

Sonstige Anwendungsmöglichkeiten – Krampflösend, gallenanregend, leberwirksam, gegen Blähungen, schleimlösend, nervenstärkend, keimtötend, schmerzlindernd. Hilft bei Gallensteinen und schlechtem Atem. Als Würzmittel in Süßspeisen, Eintöpfen und Fischgerichten. Babys und Kleinkinder dürfen keine Minze zu sich nehmen, da das enthaltene Menthol bei ihnen zu Atemproblemen führen kann.

Echtes Labkraut

Galium verum

Standortanforderungen – Guter Boden, Halbschatten.

Kultur – Labkraut blüht von Juli bis August und kann bis zu 50 cm hoch werden. Es ist mehrjährig und kann im Frühling ausgesät werden. Die Pflanze kann durch Teilung im Herbst vermehrt werden.

Traditionelle Verwendung im Volksglauben – Labkraut ist eines der sogenannten Frauenbettkräuter, die Gebärenden in das Bett gelegt wurde, um Schaden abzuwenden. Es ist der Göttin Frigga oder Freya geweiht und steht unter ihrem Schutz. Man sagt, wo viel Labkraut wächst, herrscht eine kraftvolle Energie und es wurde als Glücksmagnet angesehen. Wer Labkraut in seiner Tasche trägt, der ist geschützt und macht gute Geschäfte.

Anwendung in der Magiepraxis – Labkraut für Glücks- und Kraftzauber. Als Räucherung wirkt es leicht bewusstseinserweiternd, für schamanische Reisen und Meditationen. Labkraut als Amulett schützt auf Reisen und bringt die Person wohlbehalten in die Heimat zurück.

Sonstige Anwendungsmöglichkeiten – Krampflösend, wassertreibend, wundheilend, schleimlösend, nervenberuhigend, blutreinigend. Bei Erkrankung der Harnwege. Labkrauttee bei Krämpfen und Nierenleiden. Äußerlich bei schlecht heilenden Wunden und Sonnenbrand.

Petersilie

Petroselinum crispum

Standortanforderungen – Tiefer, guter Gartenboden, Sonne.

Kultur – Zweijähriges Doldengewächs. Im zweiten Jahr blüht sie etwa zwischen Juni und Juli und wird dabei bis zu 1 m hoch. Die Aussaat sollte im zeitigen Frühjahr stattfinden.

Traditionelle Verwendung im Volksglauben – Laut der Überlieferung sollte Petersilie nur an einem Mittwoch oder Freitag und nur mit einem Lächeln ausgesät werden, damit der Teufel keine Macht über sie bekommt. Sie galt schon in der Antike als Symbol für Wiedergeburt. Man unterstellte ihr die Kraft, Verstorbenen wieder neues Leben einzuhauchen und sie war Bestandteil vieler magischer Salben und Liebeselixiere. Auch wurde sie wahrscheinlich zur Regulierung der Fruchtbarkeit bzw. als Abtreibungskraut verwendet.

Anwendung in der Magiepraxis – Ein Ritualbad, bei dem Meersalz mit Petersilie gemischt wird, reinigt die Aura und schützt vor Unglück. Petersilienpulver wirkt als Glücksmagnet in Kerzenzaubern und Zauberbeuteln.

Sonstige Anwendungsmöglichkeiten – Wassertreibend, appetitanregend, krampflösend, Samen wirken abtreibend. Tee bei Stoffwechselerkrankungen, Gicht, Rheuma, Blasenerkrankungen und Blähungen. Als Würzkraut in Suppen, Eintöpfen und Ähnlichem.

Echter Lavendel

Lavandula officinalis

Standortanforderungen – Wasserdurchlässiger, lockerer Boden, Sonne.

Kultur – Lavendel ist ein Lippenblütler, der bis zu 50 cm hoch werden kann. Die Pflanze ist mehrjährig und blüht von Juli bis in den späten August. Man kann Lavendel durch Stecklinge im Hochsommer vermehren oder im Frühjahr aussäen.

Traditionelle Verwendung im Volksglauben – Lavendel ist eine Pflanze gegen böse Geister und allerlei Unheil. Um derlei abzuwehren, wurden früher großzügig Lavendelblüten auf dem Hausboden verteilt. Es wurde auch schon früh Lavendel verbrannt, um Schaden abzuwehren und Krankheitsdämonen zu vertreiben. Auch als Liebeszaubermittel und Mittel für Kraft und Mut wurde es eingesetzt.

Anwendung in der Magiepraxis – In allen Räuchermischungen für Heilung, Reinigung und Schutz. Als Zutat im Badesalz in Reinigungs- und Antistress-Bädern. Stärkt die Lebenskraft und den Schlaf. Für Liebes-, Heilungs- und Friedensrituale.

Sonstige Anwendungsmöglichkeiten – Wirkt beruhigend, schlaffördernd, krampflösend und desinfizierend. Ein Lavendelbad senkt den Blutdruck, Lavendeltee hilft bei Unruhe und Schlafstörungen, Wechseljahresbeschwerden und Nervenleiden.

Echter Salbei

Salvia officinalis

Standortanforderungen – Durchlässiger Boden, Sonne bis Halbschatten.

Kultur – Salbei wird bis zu 50 cm hoch und blüht von Juni bis Augst. Salbei ist mehrjährig und wird im Frühjahr ausgesät. Die Vermehrung geschieht durch Stecklinge im Herbst.

Traditionelle Verwendung im Volksglauben – Der Name leitet sich von lat. *salvare* ab, was „heilen" bedeutet. Tatsächlich wurde der Salbei schon in alten Zauberbüchern genannt, da er durch seinen Duft für allerlei magische Zwecke verwendet wurde. Ein Strauß Salbei wurde gern mit in den Gottesdienst genommen, damit man nicht einschlief.

Anwendung in der Magiepraxis – Salbei findet Verwendung in Reinigungs- und Heilungsritualen, für Glücks- und Wunschzauber sowie Räuchermischungen dafür. In der Küchenmagie hat er seinen festen Platz.

Sonstige Anwendungsmöglichkeiten – Salbei ist entzündungshemmend, keimtötend, wundheilend, krampflösend, darmregulierend, magenstärkend, durchfallhemmend und menstruationsregulierend. Das Kraut wird als Tee, Bad, Gurgelmittel und Würzkraut eingesetzt.

Erdrauch

Fumaria officinalis

Standortanforderungen – Kalkreicher, magerer Boden, Sonne.

Kultur – Erdrauch ist ein Mohngewächs und kann bis zu 30 cm hoch werden. Er ist einjährig und blüht von Mai bis Juli. Aussaat im zeitigen Frühjahr.

Traditionelle Verwendung im Volksglauben – Erdrauch war schon bei den Kelten und Germanen bekannt und in rituellen Handlungen als Räucherwerk verwendet, um Kontakt mit der Geisterwelt aufzunehmen. Einmal die Woche das Haus mit Erdrauch zu räuchern, soll den Wohlstand fördern.

Anwendung in der Magiepraxis – Für Bann- und Geldzauber; um Geld ins Haus zu bringen, kann die Wurzel besprochen und vergraben werden. Als Räucherwerk für alle Zauber und Rituale, insbesondere für Bann- und Loslass-Rituale.

Sonstige Anwendungsmöglichkeiten – Blutreinigend, schweißtreibend, verdauungsfördernd, senkt das Cholesterin. Als Frühlingsteekur oder im Salat, zur Entschlackung. Wird gegen Kopfschmerzen und Stimmungsschwankungen eingesetzt. Reguliert die Gallenproduktion.

Den Luftgarten gestalten

Feen-Windspiel

Bereits der leichteste Windhauch versetzt dieses Windspiel mit seinen bunten Bändern in Bewegung. Du kannst es ganz nach Geschmack zusätzlich mit Glöckchen und anderen schönen Dingen bereichern. Auch für Kinder ist es ein großer Spaß, solche bunten Windspiele zu basteln.

Du benötigst:

- Saubere Konservendose
- Wetterfeste Farbe und Lack
- Pinsel oder Stifte
- Bohrer
- Band zum Aufhängen
- Viele bunte Bänder, Glöckchen, Perlen, Federn und andere kleine Fundstücke

Tipp

Alternativ zu einer Dose kannst du dir auch aus dem Bastelbedarf einen Metall- oder Bambusring besorgen, an dem du die Bänder befestigst, sodass sie im Wind flattern.

So geht's:

1. Reinige die Dose vorsichtig.
2. Wenn du möchtest, kannst du sie mit magischen Symbolen bemalen. Lasse die Bemalung trocknen und lackiere die Dose mit wetterfestem Klarlack.
3. Bohre am offenen Ende der Dose Löcher für die Bänder in den Rand. Bohre oben an der Dose zwei Löcher für die Befestigungsbänder hinein.
4. Befestige oben nun das Band, an dem du die Dose aufhängen kannst.
5. Ziehe die bunten Bänder durch die Löcher am Dosenrand und knote Glöckchen, Perlen und andere dekorative Dinge daran fest.

Zauberfahnen gestalten

Vielleicht kennst du die Gebetsfahnen aus dem Buddhismus? Darauf werden Gebete und Anrufungen gedruckt, die dann dem Wind ausgesetzt werden. Man sagt, wenn die Fahne sich auflöst und zerfranst, wird der Segen oder das Gebet erhört werden. Genauso kannst du es bei deinem Hexengarten halten. Gestalte dir eigene Zauberfahnen, dazu musst du nicht einmal nähen können. Du kannst Segenssprüche, Wünsche oder Gebete formulieren und in den Wind hängen, oder Schutzrunen, Göttinnensymbole, Sigillen und magische Zeichen auf deine Fahnen malen.

Du benötigst:

- Juteband
- Stoffreste aus Baumwolle in der Größe deiner Wahl
- Schere
- Bleistift zum Vorzeichnen, je nach Stoff auch einen feinen Permanent-Marker
- Vorlagen von Runen, Sigillen, Symbolen
- Stoffmalstifte
- Optional: bunte Bänder oder eine Wimpelkette

So geht's:

1. Überlege, wie lang deine Gebetsfahnenkette werden soll und schneide dein Juteband dementsprechend lang ab.
2. Schneide Fahnen aus verschiedenen Stoffresten aus. Die Größe entscheidest du, ich würde 20 x 20 cm vorschlagen.
3. Überlege, welchen Sinn oder welches Thema deine Gebetsfahnenkette im Garten haben soll. Das kann zum Beispiel sein: Wünsche, Segen, Gebete, Schutz, Fruchtbarkeit. Recherchiere oder gestalte selbst passende Symbole dafür.
4. Male oder schreibe nun deine Gebete oder Symbole auf den Stoff und knote diesen dann an dein Band. Das sieht wild aus, soll es auch.

Tipp

Du kannst entscheiden, wie stark du deine Wünsche oder Bitten dem Wetter aussetzten willst, je nachdem, wie schnell diese für dich in Erfüllung gehen sollen. Ich mag es, wenn es länger dauert und ich von meiner Gartendekoration mindestens ein Jahr etwas habe, deshalb bevorzuge ich vorgefertigte Wimpelketten aus Stoff oder Jute aus dem Bastelbedarf. Sie halten länger und sehen bemalt oder beschriftet richtig schön aus.

Räucherfächer herstellen

Um den Rauch bei Reinigungsritualen besser verteilen und nutzen zu können, sind Räucherfächer ein fester Bestandteil von Räucherritualen. Es ist ganz einfach, diesen selbst herzustellen, du musst nur im Frühjahr die Augen in der Natur aufhalten. Überall verteilt sich dann an feuchten Ufern oder in Wäldern der Japanische Staudenknöterich. Seine dicken, hohlen Stängel eignen sich hervorragend zum Basteln dieses Fächers. Auch Holunderholz ist geeignet, nutze dazu aber nur Äste, die bereits auf dem Boden liegen. Vergiss nicht: Wenn du etwas nimmst, solltest du auch etwas geben. Mit einer Futterspende oder Honig und Milch stimmst du die Geister der Pflanzen gnädig.

Du benötigst:

- 3–5 Federn (manchmal bekommt man bei landwirtschaftlichen Betrieben Hühner- oder Gänsefedern)
- Ein Stück Holunderholz oder einen dicken Stängel des Staudenknöterichs
- Heißkleber
- Lufttrocknende leichte Modelliermasse
- Wasserfeste Stifte
- Klarlack

So geht's:

1. Kürze den Ast oder Stängel auf eine Länge von etwa 15–20 cm. Befreie dabei den Holunder vom weichen Innenteil, der Knöterich ist schon hohl.
2. Gib etwa 5 cm der Modelliermasse vorsichtig in den Stängel. Sie sollte bündig mit der oberen Kante sein. Die Modelliermasse sollte nicht zu schwer werden, wenn sie getrocknet ist. Falls der Stängel auf der anderen Seite geöffnet ist, kannst du dort auch die Masse zum Schließen einfüllen.
3. Stecke die Federn so in die Paste hinein, dass sie fest sitzen und einen guten Luftwiderstand ergeben. Wenn nötig, kannst du sie danach noch mit Heißkleber fixieren.
4. Optional kannst du nun deinen Räucherwedel noch schmücken, anmalen und lackieren.

Magisch räuchern mit den Pflanzen aus dem Luftgarten

Diese Räuchermischungen mit Pflanzen aus deinem Luftbeet sind ideal, um dich bei Zaubern und Ritualen zu unterstützen, bei denen du deinen Geist zur Ruhe kommen lassen möchtest oder die dir beim Loslassen von Anspannung und beunruhigenden Gedanken helfen sollen.

Luftige Räuchermischung

Mischung für ca. 50 g:

- 10 g Erdrauchkraut
- 10 g Fenchelsamen
- 10 g Lavendelblüten
- 10 g Minzeblätter
- 10 g Kampfer (kristallin)

Meditation

Mischung für ca. 50 g:

- 10 g Labkraut
- 15 g Lavendelblüten
- 15 g Salbeiblätter
- 10 g Styrax

Loslassen

Mischung für ca. 50 g:

- 5 g Fenchelsamen
- 10 g Lavendelblüten
- 10 g Eisenkraut
- 10 g Dammarharz
- 15 g Salbeiblätter

RÄUCHERMISCHUNGEN HERSTELLEN

Du benötigst *(Räucherutensilien findest du online oder im Fachhandel)*:

- Getrocknete Pflanzenteile und Harze
- Mörser und Stößel
- Luftdicht verschließbares Gefäß, Glas oder Fläschchen zur Aufbewahrung
- Feuerfeste Schale, Sand und Räucherkohle

So geht's:

1. Alle Pflanzenteile sollten gut getrocknet sein. Wiege oder messe deine Zutaten.
2. Zerkleinere die Pflanzen, Blüten und Beeren und bei Bedarf auch größere Harzklumpen mit einem Mörser, damit sich ihr Aroma voll entfalten kann.
3. Vermische alle Zutaten und gib sie in ein luftdichtes Gefäß zur Aufbewahrung.
4. Zum Räuchern füllst du ausreichend Sand in die Räucherschale, entzündest die Kohle und platzierst sie auf dem isolierenden Sand. Warte etwa 5 Minuten, bis die Kohle gut durchgeglüht ist.
5. Sobald die Kohle weißlich grau ist, kannst du etwa einen bis eineinhalb Teelöffel der Räuchermischung in die vorgefertigte Einbuchtung der Tablette geben.
6. Lasse nach der Räucherung die Kohle vollständig erkalten, bevor du das Räucherwerk entfernst und das Schälchen reinigst.

Zauber mit Luftpflanzen

Magische Kräuterbündel für alle Lebenslagen

Kräutern, die im Zeitraum zwischen Mitte August und etwa Mitte September gesammelt werden, spricht man die besten Heilwirkungen zu. Katholiken feiern deswegen am 15. August Kräuterweihe. An diesem Tag werden Heilpflanzen zu Sträußen, den sogenannten „Kräuterbuschen", gebunden und der Jungfrau Maria geweiht. Seinen Ursprung hat dieser Brauch aber in vorchristlicher Zeit, denn auch unsere heidnischen Vorfahren glaubten, dass diese „Zauberbündel" Schutz bieten, Krankheiten abhalten und vor Schaden schützen. So ist mit dem Sammeln und Binden dieser Kräuter auch heute noch viel Magie verbunden.

Die Kräuterbuschen werden im Haus aufbewahrt, um das Jahr über Gefahren von Haus und Hof abzuwehren. Gern wird der Buschen das ganze weitere Jahr verwendet, um Teile davon als Räucherwerk zu nutzen, als Tee oder Gewürzkraut. Zum Schutz vor Unwetter warf man früher eine Handvoll Kräuter ins Herdfeuer. Wer einen Kamin besitzt, kann diese dann bei Unwetter dort verbrennen oder auf Kohle verräuchern lassen. Du kannst auch einen möglichst farbigen und aromatischen Strauß binden, der dich das ganze Jahr hindurch mit seinem Geruch erfreut.

Das Binden ist ganz einfach: Lege deine Pflanzen mit der Blüte so aufeinander, wie du sie als Strauß haben möchtest. Die Pflanzen mit den größten oder dichtesten Blüten kommen in die Mitte deines Straußes. Umwickle dann deinen Strauß mit einem Band, sodass nur noch die Blüten oben herausschauen. Den Strauß kannst du zum Trocknen aufhängen.

Ziel beim Binden des Buschens ist es, sich vorher zu überlegen, für was man ihn verwenden möchte und dazu passende Kräuter auszuwählen. Hier einige Beispiele:

Zauberbündel Gewürz- und Teekräuter

- Eisenkraut
- Majoran
- Salbei
- Lavendel
- Fenchel
- Anis
- Minze
- Eberraute
- Quendel
- Melisse

Zauberbündel gegen Wind und Sturm

- Rainfarn
- Johanniskraut
- Fenchel
- Beifuß
- Baldrian

Zauberbündel für Liebe und Harmonie

- Mädesüß
- Baldrian
- Kamille
- Melisse
- Gundelrebe
- Lavendel
- Eberraute

Die Kräuterweihe

Um deinen Kräuterbuschen zu einem Zauberbuschen zu machen, kannst du ihn weihen. Dazu kannst du ihm beispielsweise einer Vegetationsgottheit oder auch allgemein den Elementen oder Mutter Erde widmen.

Du benötigst:

- Deinen gebundenen Kräuterbuschen
- Eine Kerze
- Räucherwerk und Kohle
- Eine Schale (Mond-)Wasser (S. 97)
- Eine Schale mit Salz oder Erde

So geht's:

1 Reinige deine Umgebung mit Räucherwerk und erschaffe dir einen harmonischen Ort an deinem Altar oder Arbeitsplatz.

2 Lege deine Kräutersträuße im Kreis vor dich. Stelle alle Utensilien in diesen Kreis.

3 Entzünde die Kerze und die Räucherkohle. Lege Räucherwerk auf die durchgeglühte Kohle.

4 Ziehe nun eines der Kräuterbündel durch den Rauch und sprich: *„Ich weihe dich im Namen der alten Götter und erbitte den Segen der Pflanzen- und Luftkräfte."*

5 Tropfe ein wenig Wasser auf deine Kräuter und sprich: *„Ich weihe dich im Namen der alten Götter und erbitte den Segen der Wasserkräfte."*

6 Streue nun ein wenig Salz oder Erde auf den Buschen und sprich: *„Ich weihe dich im Namen der alten Götter und erbitte den Segen von Mutter Erde."*

7 Halte den Kräuterstrauß über die Kerze (vorsichtig, sodass er nicht Feuer fängt) und sprich: *„Ich weihe dich im Namen der alten Götter und erbitte den Segen der Feuerkraft."*

8 Wiederhole dies mit allen deinen gebundenen Sträußen.

Luftmeditation für mehr Leichtigkeit

Schöpfe neue Energie und Frische aus der Luft, indem du dich in dieser Meditation ganz auf deinen Lebensatem konzentrierst. Suche dir einen Platz in dem Bereich deines Gartens, der für das Element Luft zuständig ist, oder versuche dich in Richtung Osten auszurichten. Wenn möglich, wähle eine erhöhte Stelle in deinem Garten. Diese Atemmeditation ist besonders schön an einem Sommertag mit leichter Brise.

Setzte dich bequem hin oder lege dich auf die Erde. Entspanne dich und schließe die Augen. Nimm nun die Welt um dich herum wahr. Welche Geräusche hörst du, welche Gerüche riechst du? Lasse alles erst einmal auf dich wirken.

Gehe langsam von der Brust- in die Bauchatmung. Du kannst deine Hände auf deinen Bauch legen, um leichter dorthin zu atmen. Atme ruhig und ganz bewusst zehnmal ein und wieder aus. Fühle jedem Atemzug hinterher. Sei dir bewusst, dass das, was du da gerade tust, das pure Leben ist und dass dein Atem dich erfüllt und reinigt.

Beim Ausatmen kannst du loslassen und alles ausatmen, was dich belastet. Lass es zusammen mit der Luft aus deinem Körper fließen. Atme bewusst aus. Ein lang gezogenes „*Hhhhaaaa*" als Intonation kann sehr hilfreich sein.

Danach atme weiter und spüre nach. Fühlst du die Luft um dich herum? Was nimmst du noch wahr? Wehen deine Haare, kribbelt deine Haut? Lass dir Zeit dabei zu fühlen.

Atme erneut zehnmal bewusst kräftig ein und wieder aus.

Stelle dir nun vor, wie sich die eingeatmete Luft in Energie umwandelt und sich in deinem Körper ausbreitet. Licht und Wärme erstrecken sich in deine Füße, die Beine. Sie wandern von den Fingerspitzen über die Arme und Schultern zu deinem Nacken. Das Licht erfüllt deinen Bauch, den Brustkorb, bewegt sich über den oberen Rücken zu deinem Kopf. Die Leichtigkeit der Luftenergie lässt deinen Kopf leuchten und du spürst einen warmen Punkt auf deiner Stirn. Dieses Leuchten der Luftenergie schenkt dir Kreativität, Kraft und Inspiration. Du spürst, wie deine Gedanken von deinem Atem getragen werden und freier fließen.

Wenn du möchtest, kannst du folgendes Mantra aufsagen oder singen, während du dem Weg des Atems durch deinen Körper folgst:

Atem ist Kraft.
Atem ist Leben.
Mit jedem Atemzug, den ich einatme,
atme ich die Lebenskraft.
Mit jedem Atemzug, den ich ausatme,
lasse ich alles los, was mich belastet.

Wenn dein Körper ganz von deinem Atem erfüllt ist, halte kurz inne. Nimm einen letzten großen Atemzug uns lasse ihn mit einem langen „*Hhhhaaaa* " los.

Öffne langsam die Augen und bedanke dich bei den Windgeistern für die frische Energie.

Tipp

Denke auch im Alltag daran, tief und bewusst zu atmen. Praktiziere eine Kurzversion dieser Meditation, wann immer du kannst: in der Schlange im Supermarkt, im Bus oder während kleiner Pausen am Arbeitsplatz.

DAS ZENTRUM

Das Zentrum – ein besonderer Kraftort in deinem Garten

Das fünfte Element, oft „Spirit“ genannt, bietet eine große Fülle von Bedeutungen: Es steht für den Geist, die Seele, die Spiritualität in der Einheit mit allen anderen Elementen. Des Weiteren steht der „Geist“ für alle Lebenskraft, Energie, Kreativität und unsere Verbindung mit dem allumfassenden Universellen, dem Göttlichen. Er ist die Energie, die alle anderen Elemente zusammenhält. Jeder heilige Ort, jedes Element und jede Verbindung zwischen den Jahreszeiten ist „Spirit“.

Zentrum

auf einen Blick

Themen: Eigene Mitte, Geist, das Göttliche, Universum, Magie

Jahreskreisfest: alle

Himmelsrichtung: alle

Tageszeit: jede

Farben: alle Farben des Regenbogens

Sternzeichen: alle

Kräuter und Pflanzen: Rosmarin, Bergamotte, Salbei, Rose, Geranie, Wacholder, Mistel, Beifuß, Holunder

Symbole: Kessel, Kreismitte, Spirale, Pentagramm

Gottheiten: alle

Elementarwesen: alle

Edelsteine: Bernstein, Achat, Amethyst, Bergkristall, Obsidian, Turmalin, Opal

Der Spirit in der Grünen Magie

Genau wie vollkommenes, rein weißes Licht von einem Prisma in seine farbigen Bestandteile zu einem Regenbogen aufgesplittet werden kann, vereint die Reinheit des Spirits die Elemente Feuer, Wasser, Erde und Luft in sich und verbindet sie zu etwas Ewigen und Universellen. Dieses Element ist immer um uns und erfüllt alle anderen Elemente mit seiner Kraft. Der Spirit steht in der Magie für das Göttliche und für das Geistige, für Kreativität, Empathie und Spiritualität.

Der (geistigen) Mitte zugeordnet werden können alle Meditationen und schamanischen Reisen. Auch das Räuchern und das Arbeiten mit ätherischen Ölen sind spirituelle Tätigkeiten, da Düfte den Geist erwachen lassen und unterbewusst wirken.

Es gibt viele Symbole, die Unendlichkeit und Spiritualität symbolisieren. Dazu gehören alle Kreis- und Spiralformen, Labyrinthe und in sich verschlungene Symbole der Unendlichkeit wie die keltische Triskele oder die liegende Acht. Im Pentagramm ist der Geist der oberen Spitze zugeordnet und im magischen Kreis verkörpert die Mitte des Kreises den Spirit – dort, wohinein wir die Götter einladen, und dort, wo auf unserem Altar unsere magischen Gegenstände stehen.

Wie die Mitte des Kreises bündelt auch das Zentrum deines Gartens die Kraft der anderen Gartenelemente und deines spirituellen oder schamanischen Weges. Genau wie dein Geist ist das Konzept der Gartenmitte, das ich dir in diesem Buch zur Inspiration anbiete, wandelbar und flexibel. Als Knotenpunkt der Kraft kannst du dir in der Mitte deines Gartens einen Aufladepunkt und Kraftplatz setzen, aber auch gleichzeitig einen Ort der Ruhe erschaffen, an dem alle guten Strömungen aufeinandertreffen, um sich zu vereinen.

So kannst du deinen Gartenmittelpunkt nutzen

- Als Ort der Kraft und Ruhe
- Als Zentrum für deinen Altar
- Als Ort für schamanische Reisen und Meditationen
- Als Themenschwerpunkt (beispielsweise Schutz, Liebe, Heilung)
- Als Zentrum deiner kreativen und magischen Arbeiten

Der wandelbare Hexengarten

Für die Mitte deines Gartens schlage ich dir einen reinen Topfgarten vor. Das erlaubt es dir, je nach Wunsch und Bedarf zu variieren und flexibel zu entscheiden, was im kommenden Gartenjahr für dich ein Thema ist. So kann das Zentrum des Gartens deine persönliche Entwicklung widerspiegeln.

Suche dir zu Beginn jedes Jahres einen Themenschwerpunkt aus, mit dem du arbeiten möchtest. Hast du zum Beispiel vor, dich im Besonderen mit Heil- oder Schutzkräutern zu beschäftigen, so kannst du diese Kräutlein in Töpfe pflanzen und in die Mitte deines Gartens stellen. Sie erhalten damit die Kraft aller anderen Elemente sowie deine zentrale Aufmerksamkeit. Möchtest du dich im nächsten Jahr in liebesmagischen Techniken weiterbilden, dann säst du beispielsweise Pflanzen, die der Erotik oder der Liebesmagie nahe sind und beschäftigst dich mit ihnen. Auf diese Weise ist das Zentrum im ständigen Wandel, genau wie du.

Um deinen Kraftort zusätzlich zu unterstützen, kannst du auch die Elemente aus den anderen Beeten näher zu dir heranholen: Beispielsweise kannst du während deiner magischen Praxis in einem Schutzkreis aus ausgewählten Pflanzen sitzen oder deinen magischen Kreis mit je einer Pflanze für jedes Element und jede Himmelsrichtung bestücken.

Zusätzlich kannst du einen Topfgarten kreativ gestalten: Tontöpfe, aber auch solche aus Kunststoff, lassen sich hervorragend bemalen und mit magischen Zeichen und Symbolen versehen. So kannst du die Kraft der Pflanze zusätzlich verstärken.

Mögliche Themen für einen magischen Topfgarten:

- Liebesmagische Pflanzen
- Kräuter für deine Küchenmagie und Teekräuter
- Heilkräuter für dich und deine Familie
- Tierkräuter für deine Haustiere
- Kräuter der Hildegard von Bingen
- Kräuter für Bachblüten
- Frauenkräuter für Sexualität, Mutterschaft und Kinderwunsch
- Räucherkräuter
- Traumkräuter, Pflanzen für Entspannung und gegen Ängste
- Schutz- oder Bannkräuter
- Pflanzen für Geld und Beruf
- Pflanzen für Kraft, Energie und Konzentration.
- Pflanzen und Wurzeln, die Glück bringen

Auf den folgenden Seiten gebe ich dir einige Beispiele für Lebensthemen, die du in deinem wandelbaren Topfgarten aufgreifen kannst. Dazu findest du auch eine Liste mit passenden Pflanzen, die sich gut in Töpfen kultivieren lassen. Wähle die Pflanzen aus, die am besten zu deinem Geschmack und zu deinem Platzangebot und dem Pflegeaufwand, den du leisten kannst, passen.

Einen Topfgarten anlegen und pflegen

In Töpfen lässt sich eine Vielzahl von Pflanzen anbauen. Mehrjährige Bäumchen und Stauden gedeihen mit der richtigen Pflege ebenso darin wie wandelbare Einjährige und frühlingsfrische Frühjahrsblüher.

Optimale Bedingungen schaffen

Topfpflanzen brauchen, genau wie Pflanzen im Beet, Nährstoffe, Licht und Wasser. Anders als den standortfesten Beetbewohnern, die mit ihren Wurzeln in tiefe Erdschichten vordringen können, um ihren Bedarf zu decken, steht ihnen dazu aber nur begrenzt Platz und Wurzelraum zur Verfügung. Daher ist es umso wichtiger, Topfpflanzen in ausreichend große Gefäße zu pflanzen und diese gut vorzubereiten. Die Erde sollte nährstoffreich sein und wenn die Mineralien im Topf erschöpft sind, muss regelmäßig und bedarfsgerecht gedüngt werden. Geht der Pflanze der Platz im Topf aus, kann im Zuge des Umtopfens auch die Erde ausgetauscht werden.

Da Regenwasser nicht mit langen Wurzeln aus tiefen Erdschichten geholt werden kann, müssen Topfpflanzen regelmäßig überprüft und bei anhaltender Trockenheit gegossen werden. Es empfiehlt sich, in (Über-)Töpfe mit integriertem Wasserspeicher zu investieren. Diese helfen, längere Urlaubs- und Trockenphasen zu überbrücken.

Mehrjährige Pflanzen pflegen und überwintern

Topfstauden, -bäumchen und winterharte Kräuter können viele Jahre lang Freude bereiten, wenn sie gut gepflegt, regelmäßig auf Schädlinge kontrolliert und sicher überwintert werden. Bedingt winterharte Pflanzen können milde Winter gut isoliert im Freien verbringen. Dazu werden die Töpfe in Jutesäcke, Gartenvlies oder Noppenfolie eingewickelt und auf einen isolierenden Untergrund, zum Beispiel Styropor- oder Holzplatten, gestellt. Sie sollten nur sparsam und ausschließlich an frostfreien Tagen gegossen werden.

Empfindliche Topfpflanzen wie beispielsweise Zitrusbäumchen und Rosmarin sollten an einem kühlen, aber nicht zu dunklen Ort im Haus überwintert werden. Auch sie werden sparsam gegossen.

Einjährige ansäen

Einjährige Kräuter und Schnittblumen werden im Frühjahr angesät und beenden ihre Wachstumsphase im Herbst, sie werden nicht überwintert. Es gibt unzählige wunderschön blühende Pflanzen, die den Garten im Sommer aufhübschen. Die Anzucht aus Samen ist auf S. 53–55 beschrieben.

Frühjahrsblüher

Schneeglöckchen, Tulpen und Narzissen sind früh im Jahr die ersten Boten, dass der Winter ein Ende findet. Viele der Zwiebelpflanzen kommen jedes Jahr aufs Neue und lassen sich sehr gut in Töpfen kultivieren. Dazu werden die Zwiebeln im Herbst des Vorjahres gesteckt und überwintert. Die Pflanzen ziehen ihre Kraft zum Ende der Blühphase in die Zwiebel zurück, um im Folgejahr erneut austreiben zu können. Die verblühende Pflanze sollte daher nicht abgeschnitten werden.

Segnungsritual für das Bepflanzen deiner Töpfe

Dieses Ritual verbindet den Bereich des Wachstums mit der spirituellen Kontaktaufnahme zu dem übergeordneten Geist der Pflanzen. Ein Segnungs- oder ein Begrüßungsritual hilft dir, dich mit deinen Pflanzenkindern auf schamanischer Ebene zu verbinden und Kontakt zu ihnen aufzunehmen. So wachsen sie von Anfang an mit deiner liebevollen energetischen Betrachtung auf und erhalten zusätzlich den Schutz der elementaren Wesen, die für sie zuständig sind.

Du benötigst:

- Samentütchen deiner Wahl
- Räucherschale und Kohle, Räucherwerk deiner Wahl
- Grüne Kerze
- Schale mit Quell- oder Mondwasser
- Saattöpfe mit Erde
- Honig
- Ca. ½ l Milch

So geht's:

1. Stelle die Räucherschale im Osten auf und entzünde die Kohle. Wenn die Kohle durchgeglüht ist, kannst du das Räucherwerk auflegen. Stelle deine Kerze im Süden auf und entzünde sie. Platziere die Wasserschale mit dem Wasser im Westen. Die Töpfe mit der Gartenerde stellst du in den Norden. Dein zu weihendes Saatgut legst du in die Mitte. Du solltest immer ein Samenpäckchen nach dem anderen weihen und einpflanzen.
2. Nimm nun ein Samentütchen zur Hand, packe es aus und halte das Saatgut über das Räucherwerk. Sprich: *Ich weihe diese Saat den Kräften der Luft. Auf dass es kraftvoll und gut werde.*
3. Nun halte es über die Flamme der Kerze, aber so, dass du es nicht verbrennst. Sprich: *Ich weihe diese Saat den Kräften des Feuers. Auf dass es wachse und stark werde.*
4. Dann geh zum Wasser über. Tropfe einige Tropfen über das Saatgut und sprich: *Ich weihe diese Saat den Kräften des Wassers. Auf dass es meinen Garten bereichere.*
5. Dann nimm die Samen und pflanze sie in die Töpfe ein. Sprich dabei: *Ich weihe diese Pflanzenwesen der Mutter Erde. Möge sie ihnen Leben einhauchen.*
6. Gib nun ein wenig von dem Honig in den Topf und begieße die Saat mit der Milch. Sprich: *Möge alles wachsen und gedeihen. So sei es.*
7. Wiederhole die Schritte 2 bis 6 für alle deine einzupflanzenden Samen.

Pflanzen für Liebe, Beziehung und Sexualität

Liebe vorherzusagen, zu wecken oder zu erhalten, ist schon seit Urzeiten ein beliebtes Thema in der Magie. Pflanzen, die dem Thema Liebe zugeordnet werden, betören meist auf mehrfacher Ebene: mit ihrem Duft, ihren Blütenfarben und/oder mit ihrem Geschmack. Am bekanntesten ist da die Rose, die Blume der Liebe.

PFLANZEN-NAME LATEINISCH	PFLANZEN-NAME DEUTSCH	AUSSAAT UND PFLEGE	BESONDERHEITEN/ANWENDUNG
Alchemilla xanthochlora	**Frauenmantel**	Aussaat Mitte März, mehrjährig. Feuchter Boden, Sonne bis Halbschatten. Blüte von Mai bis September.	Der Göttin Freya geweiht für alle Liebes- und Fruchtbarkeitszauber. Das Wasser, welches sich auf den Blättern bildet, an Tagen der Freya gesammelt, ist besonders wirkungsvoll. Blüten in Hexenflaschen und Zauberbeuteln, Kraut in Räuchermischungen, Blütenwasser in Tees und Bädern. Verwendete Teile: Blüten und Blätter.
Convallaria majalis	**Maiglöckchen**	Aussaat im Herbst. Vermehrung durch Rhizomteilung, mehrjährig. Sandiger Lehmboden, Schatten und Halbschatten. Blütezeit Mai. Achtung: Alle Teile sind giftig!	Das Liebessymbol schlechthin. Die weißen Blüten stehen für Unschuld und Reinheit, die grünen Blätter für Hoffnung und die roten Beeren für Leidenschaft und Fruchtbarkeit. Blüten in Hexenflaschen und Zauberbeuteln für Liebesanziehung, Glück und gutes Gelingen, getrocknete Beeren im Zauberbeutel für Kinderwunsch, ätherisches Öl als Zusatz für Anziehungszauber.
Coriandrum sativum	**Koriander**	Aussaat Anfang April, einjährig. Leicht kalkhaltiger Boden, volle Sonne. Blüte von Juni bis September.	Koriander galt bei den Ägyptern als Potenz- und Liebesmittel. Als Zutat in Liebestränken und erotisierenden Bädern. Samen in Zauberbeuteln und Räuchermischungen, Blüten in Hexenflaschen. Verwendete Teile: Samen, Blätter, Blüten.
Digitalis purpurea	**Fingerhut**	Aussaat im Herbst, zweijährig. Nähstoffreicher Boden, Sonne. Blüte von Juni bis August. Vorsicht: Giftig!	Der Fingerhut ist der Göttin Frigga geweiht und steht für Liebe, Partnerschaft und Familie. In Hochzeitszeremonien wurden seine Blüten verwendet, um darauf den Liebesschwur zu leisten. In Partnerschaftszaubern für Schutz und Zusammenhalt, Blüten in Hexenflaschen und Zauberbeuteln.

PFLANZEN-NAME LATEINISCH	PFLANZEN-NAME DEUTSCH	AUSSAAT UND PFLEGE	BESONDERHEITEN/ANWENDUNG
Jasminum officinale	**Jasmin**	Stecklinge im Frühsommer einpflanzen, mehrjährig, geschütze Überwinterung. Ffrischer Boden. Verträgt keine Temperatur unter 5 °C. Blüte von August bis September.	Stimmungsaufhellend, gegen Liebesummer und zum Loslassen als Teemischung, in Kräuterkissen, Raumsprays und Räuchermischungen. Zur Selbstliebe in Hexenbeuteln und Duftmischungen. Als ätherisches Öl in der Duftlampe. Verwendete Teile: Blüten .
Lavandula angustifolia	**Lavendel**	Vorziehen drinnen, Aussaat im späten Frühjahr, mehrjährig. Wasserdurchlässiger Boden, Sonne. Blüte Juli und August.	Erotisierend und anziehend. Für Liebeszauber und Zauber gegen Liebeskummer, in Räucherwerk, Hexenflaschen, Kerzenzauber, Amuletten, als Bad, Spray und Tee. Blüten im Schlafzimmer und als Kräuterkissen. Verwendete Teile: Blüten und Blütenstängel.
Levisticum officinale	**Liebstöckel**	Aussaat im Frühling, mehrjährig. Guter Gartenboden, Sonne und Halbschatten. Blüte von Juli bis August.	Aus der Wurzel werden Liebestränke und Amulette hergestellt. Bad mit Liebstöckel zur Erotisierung und Erhöhung der Ausstrahlung, Liebstöckelblätter für Tees und in Räuchermischungen. Zur Unterstützung bei Liebeszaubern. Verwendete Teile: Wurzel und Blätter.
Myrtus communis	**Myrte**	Stecklinge im Frühling, mehrjährig. Kalkarmer, frischer Boden, Halbschatten. Verträgt keine Temperaturen unter 5 °C, geschützt überwintern. Blüte von Juni bis August.	Symbol der Göttin Aphrodite. Myrte im Brautkranz oder -strauß gibt dem Hochzeitspaar Segen und Schutz. Für Frischverheiratete in Hexenflaschen und Zauberbeuteln. Räuchern mit Myrte trägt zur Langlebigkeit einer Beziehung bei. Gegen Streitigkeiten. Verwendete Teile: Blüte und Blätter.
Ocimum basilicum	**Basilikum**	Im Frühjahr vorziehen, ab Mitte Mai ins Freiland, Lichtkeimer, einjährig. Nährstoffreicher Boden, volle Sonne. Blüte von Juni bis September.	Streitschlichter bei Beziehungsproblemen, für Treuezauber in Zauberbeuteln, in Liebesorakeln und in der Küchenmagie. Als ganze Pflanze, Blüte und Samen verwendbar.
Papaver rhoeas	**Klatschmohn**	Aussaat im Frühjahr oder Herbst, einjährig. Trockene Erde, volle Sonne. Blütezeit von Juni bis Juli.	Der Göttin Demeter geweiht, für Fruchtbarkeit und Liebesorakel. Mohnkapseln für Liebeszauber aller Art und Orakelpraktiken, Hexenflaschen und Zauberbeutel, Blüten für Kerzenrituale und Bäder. Verwendete Teile: Samen, Kapsel, Blüte.
Rosa canina	**Hundsrose (alle Rosen)**	Stöcke vom Gärtner einpflanzen, mehrjährig. Jeder Boden, Sonne. Blüht von Juni bis November, je nach Rosenart.	Alle Rosen sind den Göttinnen Venus und Freya geweiht und für alle Liebeszauber geeignet. Die Hagebutte für Zaubersäckchen, Blüten in erotischen Bädern, Räuchermischungen und in Liebesteemischungen. An einem Freitag sammeln, dann sind sie besonders magisch. Verwendete Teile: Blüten, Frucht, Wurzel.
Rosmarinus officinalis	**Rosmarin**	Aussaat im späten Frühjahr, vorziehen im Gewächshaus oder Vermehrung durch Hartholzstecklinge, mehrjährig, Überwintern drinnen oder mit Winterschutz Lockerer Boden in voller Sonne.	Ist der Göttin Aphrodite geweiht und galt im Mittelmeerraum als heilig. Kraut der Brautleute. Zur Segnung einer Beziehung wird ein Zweig in die Erde gesteckt. Für alle Lust- und Liebeszauber. Wird gern in Liebesräucherungen verwendet. Erhöht die erotische Schwingung in Räumen. Verwendete Teile: Holz, Blüten, Kraut.
Viola arvensis	**Acker-Stiefmütterchen**	Aussaat im zeitigen Frühjahr, ein- bis mehrjährig. Durchlässige Gartenerde, Sonne bis Halbschatten. Blüte von April bis Oktober.	Schutzblüte der verheirateten Paare. Um eine Partnerschaft vor bösen Einflüssen zu schützen, immer drei Blüten in Hexenflaschen, Kerzen, Zauberbeuteln und das ätherische Öl für Liebesöle. Verwendete Teile: Blüte.

Pflanzen für Heilungszauber

Heilzauberkräuter und -pflanzen gegen Krankheitsdämonen gibt es reichlich, eigentlich hat jede Heilpflanze, die auch als solche bekannt ist, in der Heilungsmagie ihren Platz. Das liegt an der Verbindung, die wir zu ihnen haben. Da ist die Kamille das beste und bekannteste Beispiel: Wir assoziieren fast automatisch Heilung mit ihr, denn wer kennt nicht den Geruch von Kamillentee bei Erkältung aus seiner Kindheit? Diese Assoziation ist in der Magie ein wichtiger Faktor, damit Heilung auch auf der energetischen Ebene veranlasst wird.

PFLANZEN-NAME LATEINISCH	PFLANZEN-NAME DEUTSCH	AUSSAAT UND PFLEGE	BESONDERHEITEN/ANWENDUNG
Achillea millefolium	**Schafgarbe**	Aussaat im Frühling oder Herbst, mehrjährig. Trockener Boden, Sonne bis Halbschatten. Blüte von Juni bis Oktober.	Weiße Blüten für Heilungs- und Schutzzauber, rosa Blüten für Liebeszauber. Im Kräuterbuschen und Räucherwerk für Heilung und Schutz zuständig. In Zauberbeuteln, Hexenflaschen und Bädern für Kraft, Heilung und Anziehung von Liebe. Verwendete Teile: Blüten, Stängel, Blätter.
Althaea officinalis	**Eibisch**	Voranzucht in Saatschale, Aussaat im späten Frühjahr, mehrjährig. Frischer Gartenboden, Sonne. Blüte von Juli bis September.	Eibischblüten und -kraut in Kräuterbuschen, Räuchermischung, Tees, Bädern und Hexenflaschen. Wurzel für Puppen und Amulettzauber. Verwendete Teile: Blüten und Wurzel.
Arnica montana	**Arnika**	Aussaat im August oder zeitigen Frühjahr, mehrjährig. Kalkarmer Boden, Sonne. Blüte von Juni bis August.	Für Heilungsrituale und Zauber gegen üble Nachrede. Zur Sonnenwende in einem Zauberbeutel der Göttin Frigga weihen. Mit Farn und Johanniskraut als Schutzbeutel vor Krankheiten tragen. Blüten in Hexenflaschen und Heilungsbädern. Verwendete Teile: Blütenblätter.
Calendula officinalis	**Ringelblume**	Aussaat im Frühling, einjährig. Gute Gartenerde, Sonne. Blüte von Juni bis Oktober.	Blüten um das Bett eines Kranken streuen. Blüten in Beuteln, Hexenflaschen, Räuchermischungen, in Heilungsbädern und in der Küchenmagie. Verwendete Teile: Blüten.
Centaurea cyanus	**Kornblume**	Aussaat im Frühling oder Herbst, einjährig. Trockener Boden, Sonne. Blüte Mai bis Oktober.	Heil- und Schutzmagie in Ritualbädern, Hexenflaschen, Zauberbeuteln und in der Küchenmagie. Verwendete Teile: Blüten.
Foeniculum vulgare	**Fenchel**	Aussaat im April, zwei- bis mehrjährig. Durchlässiger Boden, Sonne. Blüte von Juli bis September.	Seit der Antike Bestandteil von Heilritualen und soll alles Böse vertreiben. Fenchel eignet sich für Heiltränke, Tees und Zauberbeutel. Um das Haus gepflanzt, soll er Schutz vor Unheil und Krankheit bieten. Im Schlafzimmer eines Kranken frische Fenchelstängel aufhängen. In Hexenflaschen, Räuchermischungen und Ritualbädern. Verwendete Teile: Samen, Stängel, Blüten.
Hordeum vulgare	**Gerste**	Aussaat im Frühjahr oder Herbst, einjährig. Humoser Boden, Sonne.	Um Krankheit loszuwerden, Gerstenkörner in ein Gewässer oder mit einem Zauberspruch über die Schulter werfen und nicht zurückblicken.
Humulus lupulus	**Hopfen**	Aussaat im Frühling, mehrjährige Kletterpflanze. Feuchter Boden, Sonne bis Halbschatten. Blüte von Juli bis August.	Hopfendolden in Bädern, Tees, Zauberbeuteln und Hexenflaschen. Ranken in magischen Kränzen und Sträußen, da sich dort alles Negative verfängt. Gegen Bindungszauber und Flüche. Verwendete Teile: Dolden und Ranken.
Matricaria chamomilla	**Kamille**	Aussaat im Frühling, einjährig. Nähstoffreicher Boden, Sonne. Blüte von Juni bis August.	Kamille ist der Göttin Camenta geweiht. Als bekanntes Heilkraut kann sie in der Magie für alle medizinischen Belange eingesetzt werden. Reinigt und spendet neue Kraft. In Räuchermischungen, als Bad und in Tees sowie in Zauberbeuteln, Kissen und magischen Sprays. Auch in Kerzenzaubern. Verwendete Teile: Blüten.
Symphytum officinale	**Beinwell**	Aussaat Frühling, mehrjährig. Feuchter Boden, Sonne bis Halbschatten. Blüht von Frühling bis Herbst.	Kraut der Heilungs- und Schutzmagie schlechthin. Wurzel als Amulett getragen. Blüten und Wurzel in Ritualbädern, Hexenflaschen und Zauberbeuteln. Kraut in Räuchermischungen, Küchenmagie, Ölauszug aus der Wurzel in Kerzenzaubern. Verwendete Teile: Blüten, Blätter, Wurzel.

Pflanzen für Kreativität, Energie, Motivation und Neubeginne

Pflanzen für Kraft- und Motivationszauber sind meist dem Element Feuer zugeordnet und ihre Blütenfarben sind häufig Gelb oder Rot, denn allein die Farbe kann uns antreiben und aufmuntern. Auch ihr Duft kann uns neue Motivation und Energie schenken. Die geballte Sonnenenergie dieser Pflanzen können wir als magischen Energiebringer in Ritualen gegen Antriebslosigkeit gut nutzen.

PFLANZEN-NAME LATEINISCH	PFLANZEN-NAME DEUTSCH	AUSSAAT UND PFLEGE	BESONDERHEITEN/ANWENDUNG
Aloysia triphylla	**Zitronenverbene**	Aussaat im Frühjahr, Voranzucht im Topf, mehrjährig, frostfrei überwintern. Nährstoffreicher sandiger Boden, volle Sonne. Blüte im August.	In der Küchenmagie, als stärkendes Bad oder in Räuchermischungen, in Kränzen oder Räucherbuschen, als Ölauszug in der Kerzenmagie. Verwendete Teile: Blätter und Blüten.
Aquilegia vulgaris	**Akelei**	Aussaat im Frühling bis Sommer, Lichtkeimer, mehrjährig. Lehmboden, Sonne bis Halbschatten. Blüte von Mai bis Juni. Vorsicht: leicht giftig.	Die Samen in Hexenbeuteln, Blüten in Hexenflaschen, Wurzel als Wunschpulver, getrocknetes Kraut für Wagemut und Durchhaltekraft. Akeleiwasser aus der Blüte für Energie- und Schutzzauber.
Cytisus scoparius	**Besenginster**	Samen im April vorziehen, mehrjährig. Jeder Standort, Blüte Mai bis Juni. Vorsicht: Giftig!	Ginsterwasser zur Energieerhöhung im Ritualkreis verteilen. Blüten in Hexenflaschen und Zauberbeuteln. Als Ginsterbesen binden und für Durchhaltevermögen und effizientes Lernen im Haus aufhängen. Holzscheiben als Amulett zur Standfestigkeit, für Mut und Ausdauer. Verwendete Teile: Blüten, Stängel, Holz.
Helianthus annuus	**Sonnenblume**	Aussaat Anfang April, einjährig. Nährstoffreicher Boden, Sonne. Blüte von Juli bis August.	Blütenblätter in Hexenflaschen und Räuchermischungen, Samen in Hexenbeuteln und in der Küchenmagie, Sonnenblumenöl für Kerzenmagie und Hexenöle. Ganze Blüten für Kraft- und Kreativzauber. Verwendete Teile: Samen, Blütenkopf.
Hypericum perforatum	**Johanniskraut**	Aussaat im Frühling, mehrjährig. Magerer Boden, Sonne bis Halbschatten. Blüte von Juni bis September.	In Räucherbuschen für Kraft, Motivation und Aufmunterung. In Tees und Bädern, Räuchermischungen. Blüten in Hexenflaschen und Zauberbeuteln, das Öl für kerzenmagische Rituale. Verwendete Teile: Blüten, Stängel, Kraut.
Hyacinthus orientalis	**Hyazinthe**	Als Zwiebel im Herbst geschützt einpflanzen, mehrjährig. Gartenboden, Sonne bis Halbschatten. Blüte April bis Mai.	Blüten in Räuchermischungen, in Hexenflaschen und Zauberbeuteln. Ölauszug für kerzenmagische Rituale. Verwendete Teile: Blüten.
Inula helenium	**Alant**	Aussaat im Frühling, mehrjährig. Lehmboden, Sonne. Blüte von Juni bis September.	Blüten für Hexenflaschen, Wurzel in Räuchermischungen und Hexenbeutel, als Hexenpulver. Als Amulett zur Verstärkung der psychischen Energie. Verwendete Teile: Blüten und Wurzel.
Melilotus officinalis	**Steinklee**	Aussaat Frühling oder Herbst, ein- bis zweijährig. Trockener Boden, Sonne. Blüte von Juni bis September.	Mit den Blüten einen magischen Schutzkreis ausstreuen, erhöht die Energie in einem Raum. Im Krankenzimmer aufhängen. Blüten für Hexenflaschen, Kraut in Buschen und magischen Kränzen. Verwendete Teile: Blüten und Kraut.
Solidago virgaurea	**Goldrute**	Aussaat im Frühjahr, mehrjährig. Jeder Boden, Sonne. Blüte von August bis Oktober.	Für Kräutersträuße und Kränze. In Räuchermischungen und Hexenflaschen. Verwendete Teile: Blüten und Stängel.
Tropaeolum majus	**Kapuzinerkresse**	Aussaat April bis Mai, einjährig. Guter Gartenboden, Sonne bis Halbschatten. Blütezeit von Juni bis September.	Blüten und Blätter in der Küchenmagie, Hexenflaschen, Tees, Bäder und Zauberbeutel. Verwendete Teile: Blüten, Blätter.
Verbascum densiflorum	**Königskerze**	Aussaat Juni oder Juli, zweijährig, blüht erst im zweiten Jahr. Trockener Boden, Sonne. Blüte von Juli bis September.	Erhöht die Energie und schützt vor Unheil. Getrockneter Stängel in Räucherbuschen, Blüten in Räuchermischungen und Hexenflaschen, in Bädern und als Hexenwasser verteilt, Öl in der Kerzenmagie. Verwendete Teile: Stängel und Blüten.

Pflanzen für beruflichen Erfolg, Wohlstand und Stabilität

Pflanzen für Geldmagie und allgemeine Wohlstandszauber sind meist ziemlich anhänglich und langlebig. Aber so wollen wir es in der magischen Praxis auch, denn es geht bei Erfolg nicht darum, schnell zu wirken, sondern der Zauber sollte eher beständig und lange wirken, damit wir auch langfristig etwas davon haben. Somit stärken Pflanzen für Wohlstand, Erfolg und Geldzauber auch allgemein die Fruchtbarkeit und das Wachstum – auf der materiellen wie auch der geistigen Ebene.

PFLANZEN-NAME LATEINISCH	PFLANZEN-NAME DEUTSCH	AUSSAAT UND PFLEGE	BESONDERHEITEN/ANWENDUNG
Avena sativa	**Hafer**	Aussaat im Frühjahr, einjährig. Jeder Boden, Sonne.	Für alle Geld- und Wohlstandszauber, in Kränzen und Sträußen. Haferkörner in der Geldbörse, um das Geld zu vermehren. Haferpuppen, um Wohlstand anzuziehen. Verwendete Teile: Körner und Halme.
Crocus sativus	**Safran-Krokus**	Zwiebel im Frühjahr oder Herbst pflanzen, mehrjährig. Leichter Lehmboden, Sonne bis Halbschatten. Blüte im Herbst.	Safran als Symbol für Geld und Reichtum. Krokuswasser, -blüten und -staubfäden in Hexenflaschen und Räuchermischungen. Verwendete Teile: Blüte und Staubfäden.
Gentiana lutea	**Gelber Enzian**	Aussaat im Oktober, mehrjährig. Kalkreicher Boden, Sonne. Blüte von Juni bis August.	Wurzel als Amulett, um Wohlstand anzuziehen, Blüten in Hexenflaschen und Zauberbeuteln. Verwendete Teile: Wurzel und Blüte.
Hedera helix	**Efeu**	Voranzucht mit Stecklingen, mehrjährig. Blüte von August bis Oktober, giftig.	Runen oder Sigillen auf Efeublatt geschrieben und in der Geldbörse oder einem Beutel getragen, ziehen Geld an. Für Geldzauber als Kranz um eine Kerze gelegt, Beeren im Zauberbeutel. Verwendete Teile: Blätter, ganze Ranke und Beeren.
Laurus nobilis	**Lorbeer**	Stecklinge im Frühjahr, mehrjährig. Guter Gartenboden, Überwinterung drinnen. Sonne bis Halbschatten, Blüte im Mai.	Römische Pflanze des Erfolges, Wohlstands und des Sieges. Für alle Geld- und Erfolgsrituale, in Hexenbeuteln und Flaschen. Sigille oder Rune auf ein Lorbeerblatt zeichnen und verbrennen. Verwendete Teile: Blätter.
Papaver rhoeas	**Klatschmohn**	Aussaat im Frühling oder Herbst, einjährig. Trockene Erde, volle Sonne. Blütezeit von Juni bis Juli.	Mohnkapseln als Glücks- und Geldbringer in Hexenflaschen und Zauberbeuteln. Mohnkapseln gold anmalen und in der Geldbörse tragen, um Geld anzuziehen. Für Wunschmagie einen blauen Zettel in eine Kapsel stecken und vergraben. Verwendete Teile: Blüten, Samenkapseln.
Secale cereale	**Roggen**	Aussaat von Oktober bis November oder zeitiges Frühjahr, einjährig. Humoser Boden, Sonne.	Die ersten Halme zu Kränzen, Puppen oder Sträußen binden. Korn für Hexenflaschen und Zauberbeutel. Verwendete Teile: Körner und Stängel.
Symphytum officinale	**Beinwell**	Aussaat im Frühling, mehrjährig. Frischer Boden, Schatten. Blüte von Frühling bis Herbst.	Wurzel teilen, in der Mitte ein kupfernes Geldstück platzieren und mit einem Zauberspruch wieder eingraben. Blüten in Hexenflaschen, Wurzel in grünem Stoff bei sich tragen. Verwendete Teile: Wurzel und Blüte.
Taraxacum officinale	**Löwenzahn**	Aussaat im Frühjahr, mehrjährig. Jeder Boden, Sonne bis Halbschatten. Blüte von April bis Mai.	Wunschzauber (Pusteblume: magisch aufladen und pusten!), Blüten als Zusatz für Räuchermischungen und Hexenflaschen. Besprochene Wurzel an der linken Ecke des Hauses vergraben, um Geld anzuziehen – den obligatorischen Kupfercent nicht vergessen! Verwendete Teile: Blüten, Wurzel.
Thuja occidentalis	**Thuja**	Bäumchen im Frühjahr oder Herbst pflanzen oder eintopfen, mehrjährig. Jeder Boden, Sonne. Vorsicht: leicht giftig!	Unsterblichkeitssymbol, Sinnbild für Beständigkeit und Wohlstand. Zweige für Feuerzauber und Räucherwerk. Beeren in Hexenflaschen und Zauberbeuteln. Für Wunschzauber einen Zweig mit besprochenem Stoffband umwickeln. Holz für Amulettbeutel. Verwendete Teile: Zweige, Beeren, Holz.
Vitis vinifera	**Weinrebe**	Steckling im Herbst einpflanzen, mehrjährig. Nährstoffreicher, tiefer Boden. Blüte Juli, Früchte Oktober.	Für alle Geld- und Wohlstandsrituale. Weinblätter mit Runen oder Sigillen beschriften. Weintrauben in der Küchenmagie, Rosinen in Räuchermischungen. Verwendete Teile: Blätter, Trauben, Rebe.

Pflanzen für Schutz- und Bannzauber

Unter Pflanzen für Bannzauber versteht man sehr häufig „typisch giftige Hexenpflanzen". Aber das muss nicht sein, denn es gibt auch Kräuter, die weniger giftig sind und einen großen Schutzfaktor besitzen. Wir können mit ihnen auf allen Ebenen Schutz wirken: äußerlich mit Bädern, Flaschen, Sprays, Pulvern und mehr, aber auch innerlich mit Tees, in der Küchenmagie und als Gewürzzauber. Das kann oft viel spannender sein, als mit sehr giftigen Pflanzen nur auf der äußerlichen Ebene zu arbeiten. Viele traditionelle Schutzpflanzen besitzen dabei auch ihr ganz eigenes Aroma, denn über den Duft wurde schon seit alten Zeiten Negatives vertrieben.

PFLANZEN-NAME LATEINISCH	PFLANZEN-NAME DEUTSCH	AUSSAAT UND PFLEGE	BESONDERHEITEN/ANWENDUNG
Allium sativum	**Knoblauch**	Aussaat im Frühling, mehrjährig. Lockerer Boden, Sonne. Blüte Juli und August.	Ultimative Schutzpflanze vor negativen Energien und dämonischen Kräften, auch gegen Diebstahl. Knoblauchzehen 3x3 oder 6x6 an einem gelben Faden aufreihen, schützt das Haus. Getrocknete Zehe in der Tasche schützt vor Diebstahl. Pulver vermischt mit Salz als Bannkreis. In Hexenflaschen, Küchenmagie, Zauberbeuteln, als Amulett. Verwendete Teile: Knoblauchzehe und -blüte.
Anethum graveolens	**Dill**	Aussaat im Frühjahr, einjährig. Alle Böden, Sonne, Blüte von Juli bis August.	Uraltes Mittel gegen Verhexung. Dill mit Salz als Hausschutz verstreuen oder aufhängen. Für Ritualbad, Räuchern, Tee und in der Küchen- und Kerzenmagie, im Zauberbeutel. Verwendete Teile: Kraut, Samen und Blüten.
Armoracia rusticana	**Meerrettich**	Aussaat im Frühling, mehrjährig. Nährstoffreicher Boden, Blüte Juni bis August.	Geld- und Schutzzauber. Als Pulver in die Ecken eines Raumes gestreut gegen böse Geister. Die Blüte in Zauberbeuteln und die getrocknete Wurzel als Schutzamulett und in der Hexenküche. Verwendete Teile: Wurzel, Blüte, Kraut.
Borago officinalis	**Borretsch**	Aussaat März bis Juni, einjährig,. Jeder Boden, Sonne, Blüte Juni bis August.	Kraut für Erfolg und Schutz in der Tasche mitgenommen, als Tee und in der Küchenmagie. Blüten in Hexenflaschen und Zauberbeuteln. Talisman als Schutz vor negativen Energien. Verwendete Teile: Blüten und Kraut.
Carum carvi, Cuminum cyminum	**Kümmel** und **Kreuzkümmel**	Aussaat im März, zweijährig, bzw. einjährig bei Voranzucht im Februar. Magerer Boden, Sonne. Blüte von Mai bis Juni.	Negative Elementarwesen und Nachtalben sollen durch Kümmel vertrieben werden. Als Räuchermischung. Auf der Fensterbank und vor der Haustür ausgestreut als Schutz gegen Diebstahl. In der Küchenmagie, in Hexenflaschen und Zauberbeuteln. Ein Bad mit Kümmel und Salz lässt alles Negative verschwinden. Verwendete Teile: Samen.
Dipsacus sylvestris	**Weber-Karde**	Aussaat im Frühling, zweijährig. Karger Boden, Sonne. Blüht erst im zweiten Jahr.	Für Schönheit und Schutz. Magisches Blütenwasser (sammelt sich in den Blättern) für Sprays und Schutzbäder. Wurzel als Schutzamulett gegen Krankheiten, die stachelige Blüte für Schutz- und Bannzauber, Puppenmagie und Hexenflaschen. Verwendete Teile: Wurzel, Blüte, Samenkapsel, Blütenwasser.
Mandragora officinarum	**Alraune**	Aussat im Juni und August, mehrjährig, frostfrei überwintern. Trockener Sandboden, Halbschatten. Blüte von April bis Mai. Vorsicht: giftig!	Bekannte magische Pflanze für Schutz, Liebe und Geld. Hekate geweiht. Für Puppenzauber, Amulette, Hexenflaschen, Zauberbeutel, Räuchermischungen (Vorsicht, giftig!). Verwendete Teile: Blüten und Wurzel.
Origanum majorana	**Majoran**	Aussaat ab März, Lichtkeimer, ein- bis mehrjährig. Leichter Boden. Blüte von Juni bis September.	Drei Stängel zum Schutz in der Hosentasche tragen. Als Pulver verstreuen oder die Blüten in Hexenbeuteln und -flaschen. In Räuchermischungen und in der Küchenmagie. Verwendete Teile: Blüte und Kraut.
Petroselinum crispum	**Petersilie**	Aussaat im Frühjahr, zweijährig. Guter Boden, Sonne. Blüte im zweiten Jahr Juni bis Juli.	Gegen Verhexungen, reinigt die Aura. Zusatz bei Reinigungsbädern und Zaubern gegen Unglück. Für Hexenbeutel, Ritualbäder und in der Küchenmagie. Verwendete Teile: Kraut.
Zea mays	**Mais**	Aussaat Ende April, einjährig. Nährstoffreicher Boden, Sonne. Blüte Juni bis August, Kolben im Oktober.	Für die amerikanischen Ureinwohner ist der Mais Inbegriff für Schutz der Familie. Puppen aus Mais sichern Wohlstand und Schutz vor Krankheiten, Maissäckchen schützten Kinder und Babys vor Unglück. In Hexenflaschen und Zauberbeuteln. Verwendete Teile: Kolben, Blätter, Blüten, Haare.

Den Altar gestalten

Der Altar markiert das Zentrum deines Praxis- und Kraftorts, hier bündelst du deine Magie. Um die Energien aller fünf Elemente nutzen zu können, wirkt dein Altar besonders machtvoll, wenn du ihn im Zentrum deines Gartens aufstellst. Durch die Gegenstände und Dekorationen, die du deinem Altar hinzufügst, spiegelt dieser deine individuelle Spiritualität und Magie als Hexe wider. Es lohnt sich also, sich intensiv mit seinem Altar zu beschäftigen und ihn kreativ zu gestalten.

Grundlage für den Altar sollte ein Tisch oder eine Platte sein. Informiere dich über die Materialen, die du verwendest, ob Holz oder Stein, denn sie alle haben eine eigene Energie. Das Gleiche gilt für Farben. Du solltest bei jedem Stück, welches du deinem Altar zufügst, darauf achten, dass es aus natürlichen Rohstoffen besteht. Plastik oder Kunststoffe kommen nicht in Frage.

Ich persönlich habe einen kleinen Steinkreis in der Mitte meines Gartens gelegt, mit einem Mutterstein in der Mitte, der als Altar dient. Dabei orientiere ich mich an den Naturaltären der nordischen Stämme. Dein Hexenaltar sollte so stehen, dass er das ganze Jahr über für Rituale und Zauber genutzt werden kann.

Pflege deinen Altar gut, denn nur wenn du dich kümmerst, ihn immer wieder mit Blumen und anderen Dingen schmückst oder dort räucherst, bleibt er lebendig und wird mit jedem Mal kraftvoller.

Du kannst beispielsweise deinen Gartenaltar nutzen für:

- Ernterituale
- Pflanzrituale
- Vollmondrituale
- Jahreskreisfeste
- Als Kraft- und Meditationsmittelpunkt
- Kreative Gestaltungen rund um deinen Garten
- Kräuter- und Heilzauber
- Wetterzauber
- Alle anderen Zauber, die du gern Draußen machen möchtest

Ideen zur Ausstattung für einen *Hexenaltar*

Bei der Altargestaltung sind deiner Kreativität keine Grenzen gesetzt! Es gibt jedoch Bestandteile, die auf jedem Ritualaltar zu finden sein sollten:

- Räucherschale oder -kessel (steht für das Element Luft)
- Kerzen in wetterfesten Gläsern oder Windlichter, die du dauerhafter auf dem Altar aufstellst (repräsentieren das Element Feuer)
- Magische Symbole wie das Pentagramm (symbolisieren das Element Erde)
- Schale für Wasser oder Muscheln (verkörpern das Element Wasser)
- Teller oder Schale für Opfergaben
- Optional: Figuren oder Symbole für Götter oder Elementarwesen

Magische Pflanzenöle herstellen

Aus deinen selbst angebauten Heil- und Duftpflanzen lassen sich wunderbar und sehr einfach Ölauszüge kreieren. Diese so gewonnenen Kräuteröle kannst du als Basis für Ritualöle, in der Kerzenmagie sowie für Salben, Cremes oder als Massageöle nutzen.

Wähle die Zauberkräuter je nach angestrebtem Ziel für deinen Zauber aus. Fülle sie in ein Schraubglas, bedecke sie mit Öl und lasse sie etwa 6 Wochen in einer warmen und sonnigen Umgebung reifen. Filtere die Pflanzenteile danach ab und fülle das Öl in eine Braunglasflasche um. Vergiss nicht, deine Öle zu beschriften.

Doch nicht nur die Pflanzen haben magische Wirkung, auch das Trägeröl, das du auswählst, kann die Energie des Öls verstärken:

KOKOSÖL
Element: Feuer, Wasser
Gottheiten: Hina, Hainuwele
Eigenschaften: farblos, hält den Duft von ätherischen Ölen lange, gut für Liebes- und Kraftzauber

MANDELÖL
Element: Luft
Gottheiten: Venus, Aphrodite, Freya
Eigenschaften: leichter Eigenduft, schnell löslich, für Liebes-, Heil- und Kraftzauber

NEEMÖL *(nicht zu empfehlen als Speiseöl)*
Element: Spirit
Gottheiten: Durga, Inanna, Aradia
Eigenschaften: antiseptisch, starker Eigenduft, gut für Schutzzauber

NACHTKERZENÖL *(als kosmetisches Produkt)*
Element: Erde, Wasser
Gottheiten: Arianrhod, Cerridwen, Hekate, Frigga
Eigenschaften: nur kleine Mengen verwenden, da es sich durch Licht verändert, leichter Eigenduft, gut für Schutz-, Reinigungs- und Heilungszauber

OLIVENÖL
Element: Erde, Feuer
Gottheiten: Ceres, Demeter, Diana, Kybele
Eigenschaften: Eigenduft, antiseptisch, eignet sich für alle Arten von Schutz- und Geldzaubern

SESAMÖL
Element: Erde, Feuer
Gottheiten: Demeter, Ganesha
Eigenschaften: eignet sich für Massagen und alle Fruchtbarkeits- und Wohlstandszauber

SONNENBLUMENÖL
Element: Feuer, Luft
Gottheiten: Baldur, Sol, Atar
Eigenschaften: kein Eigenduft, pure Sonnenkraft, die alle Zauber verstärkt

LEINÖL
Element: Wasser, Luft
Gottheiten: Frigga, Holle, Idun, Danu
Eigenschaften: Eigenduft und starker Eigengeschmack, für Heilungs- und Lösungszauber

Zentrierende Meditation: die Reise zu deinem inneren Garten

Mit dieser Meditation tauchst du tief in deine eigene Mitte ein. Entdecke dein Selbst in Form eines Gartens, der dich und deine Wünsche widerspiegelt. Du wirst vielleicht merken, wie sich dein innerer Garten mit der Zeit verändert, mit dir und deiner Situation wächst und sich wandelt.

Setze dich bequem in die Mitte deines Gartens und schließe die Augen. Atme tief und langsam ein und aus, um dich zu entspannen. Gehe von der Brust- in die Bauchatmung. Solltest du Probleme damit haben, lege deine Hände auf deinen Bauch und spüre, wie dein Atem diesen auf und ab bewegt. Dann lege deine Hände entspannt auf deine Oberschenkel, mit der Handfläche nach oben.

Stelle dir nun vor deinem inneren Auge vor, wie du langsam eine Treppe hinabgehst, Stufe um Stufe. Am Ende der Treppe erwartet dich ein warmes Licht und du hörst Vögel singen.

Nun stelle dir deinen Garten vor, so wie du ihn gern hättest – auch, wenn du das nicht realisieren kannst oder den Platz dafür nicht hast. Das ist hier nicht wichtig. Visualisiere, wie der Garten deiner Träume aussehen soll. Lass dir ruhig Zeit. Durch den Eingang solltest du bewusst hineingehen.

Nun schaue dir alles genau an: Wie soll der Eingang zu deinem inneren Garten aussehen? Ist es ein Tor, ein Rosenbogen, eine efeubewachsene Tür? Wenn du eingetreten bist, was siehst du als Erstes? Grüßen dich majestätische Bäume oder blühende Sträucher und Stauden? Welche Stimmung herrscht in deinem Garten? Ist er lebendig, luftig und bunt oder eher schattig, mystisch und Ruhe schenkend wie ein alter Wald?

Gehe weiter in deinen Garten hinein und schau dich um. Gibt es einen Teich, einen Bach oder einen kleinen Wasserfall? Wie ist dein Garten umrandet? Siehst du auf weite Felder oder ist dein Garten von einer hohen Mauer umgeben? Ist es ein Ort zum Verweilen, mit einer geselligen Sitzecke oder einer Hängematte ganz für dich allein?

Konzentriere dich dann darauf, was du noch wahrnehmen kannst. Spürst du die warme Sonne auf der Haut und den Wind, der dein Gesicht streichelt? Wie duftet dein Garten? Welche Geräusche kannst du hören? Klopft vielleicht ein Specht hoch über dir oder es singt eine Amsel im Gebüsch? Vielleicht hörst du das Plätschern eines Baches oder das Rascheln der Blätter in den Bäumen.

Bei der ersten Meditation reicht es, wenn du dir vorstellst, wie du einmal um deinen Garten herumgehst und kurz in seiner Mitte verweilst. Wende dich danach wieder zum Eingang.

Wenn du merkst, dass deine meditative Stimmung nachlässt, gehe durch den Eingang aus dem inneren Garten heraus und steige die Stufen wieder hoch in dein Hier-Bewusstsein.

Atme noch einige Male tief durch und öffne dann sanft deine Augen.

Tipp

Male oder zeichne nach deiner Meditation ein Bild deines inneren Gartens. Dieses kannst du nach jeder Meditation mit Details ergänzen und weiter ausschmücken.

Bezugsquellen

Pflanzen und Samen

Kräutermagie Keller
Markfelderstraße 32
45711 Datteln
www.kraeutermagiekeller.de

Kräuter Ruehlemanns
Auf dem Berg 2
27367 Horstedt
www.kraeuter-und-duftpflanzen.de

Blumenschule Schongau
Augsburger Straße 62
86956 Schongau
www.blumenschule-schongau.de

Kräuterei Oldenburg
Alexanderstraße 29
26121 Oldenburg
www.kraeuterei-oldenburg.de

Magic Garden Seeds
Onlinehandel: *www.magicgardenseeds.de*

Magische Utensilien und Ritualbedarf

Hagazussas Hain
Berghoferstraße 172
44269 Dortmund
www.hagazussas-hain.de

Bastel- und Kreativbedarf

VBS Hobbs Bastelmarkt
www.vbs-hobby.com

Buttinette Bastelbedarf
www.basteln-de.buttinette.com

Farben, Stifte und Lacke

Boesner Künstlerbedarf
www.boesner.com

Desda Verlag
www.desda.shop

Über die Autorin

Seit 30 Jahren lebt und arbeitet Minerva Winter als praktizierende Hexe und Künstlerin. Ein Schwerpunkt ihrer Arbeit ist das alte Magische Wissen um die einheimische Flora und Fauna. Seit vielen Jahren ist sie zu Gast in den unterschiedlichsten Medien und in den öffentlichen Netzwerken aktiv.

Von der Nordseeküste zog es sie zurück in ihre Heimat, an den Rand des Ruhrgebietes, wo sie ihren Hexenladen „Hagazussas Hain“ betreibt. Minerva lässt Menschen gern persönlich in Vorträgen, Kräuterwanderungen und Workshops an ihrem umfangreichen Magischen Wissen teilhaben.

DANKSAGUNG

Ich danke meiner Lektorin für einen sehr kreativen und fröhlichen Austausch.
Und meinem Mann für die schönen Fotos, die dieses Buch so bereichern.

Pflanzenregister

Sachregister

IMPRESSUM

Bibliografische Information der Deutschen Bibliothek.

Die Deutsche Bibliothek verzeichnet diese Publikation in der Deutschen Nationalbibliografie.

Detaillierte bibliografische Daten sind im Internet über http://www.dnb.de/ abrufbar.

EIN BUCH DER EDITION MICHAEL FISCHER

1. Auflage 2026

Covergestaltung, Layout & Satz: Zoe Mitterhuber, Luca Feigs

Redaktion, Projektmanagement & Lektorat: Corinna Scherr, Hannah Bürkle

Textredaktion S. 32–45, 48–49, 51–59 und Schlussredaktion: Robert Sulzberger

Bildnachweis: alle Fotos © Christoph Winter außer: © ekaterina grishina/unsplash (40., 63 o., 68), © lovelyday12/Shutterstock (S. 4 u., 63 u., 92), © nate bell/unsplash (50., 64 o., 115), © Che Media/Shutterstock (5 u., 64 m., 140), © Valentina Shilkina/Shutterstock (5 r., 45 u., 164), © Belinka/Shutterstock (8), © joanna kosinska/unsplash (11), © Svitlyk/Shutterstock (14), © Svitlyk/Shutterstock (15), © Shyntartanya /Shutterstock (17), © ju_see/Shutterstock (18–21, 24, 96), © Tatiana Beschastnova /Shutterstock (S. 27), © Vera Petruk/Shutterstock (29), © Andrew Roland/Shutterstock (33), © emilia zabrocka/unsplash (40), © Stefano Bolognini/Shutterstock (41 l.), © jonathan kemper/unsplash (49), © yoksel zok/unsplash (51), © Tatyana Blinova/Shutterstock (52 l.), © sun ok/Shutterstock (52 r.), © zoe schaeffer/unsplash (54), © Oleksii Synelnykov/Shutterstock (55), © nikolett emmert/unsplash (59), © CoralAntler/Shutterstock (73), © Federherz/Shutterstock (78 l.), © Joe Kuis/Shutterstock (78 r.), © dogo/Shutterstock (79 l.), © Kabar/Shutterstock (79 r.), © Bjoern Wylezich/Shutterstock (80 l.), © Nahhana/Shutterstock (80 r., 82 l.), © M. Schuppich/Shutterstock (81 l.), © CRYSTAL FRAME PHOTOGRAPHY/Shutterstock (81 r.), © guentermanaus/Shutterstock (82 r.), © Simon Groewe/Shutterstock (83 l.), © Elena Pavlovich/Shutterstock (83 r.), © KieferPix/Shutterstock (95), ©Dundanim/Shutterstock (97), ©Ewelina Szwejda/Shutterstock (102 l.), ©weha/Shutterstock (102 r., 107 l., 153 r.), ©Flower_Garden/Shutterstock (103 l.), ©Orest lyzhechka/Shutterstock (103 r.), ©Brookgardener/Shutterstock (104 l.), © Digihelion/Shutterstock (104 r.), ©Anna Gratys/Shutterstock (105 l., 128 l.), © Nikolina Mrakovic/Shutterstock (105. r.), © iva/Shutterstock (106 l.), © Wagner Campelo/Shutterstock (106 r.), © Supriadi Pramela/Shutterstock (107 r.), © ORebrik/Shutterstock (110), © chinh le duc/unsplash (120), © UBC Stock/Shutterstock (121), ©Marinodenisenko/Shutterstock (126 l.), ©Martin Fowler/Shutterstock (126 r., 152 l.), © Vankich1/Shutterstock (127 l.), © olko1975/Shutterstock (127 r.), © Pavla Kafka/Shutterstock (128 r.), © simona pavan/Shutterstock (129 l.), © Dajra/Shutterstock (129 r.), © Beautiful lotus/Shutterstock (130 l.), © shuttertim82/Shutterstock (130 r.), © Viktor Loki/Shutterstock (131 l.), © Nick Pecker/Shutterstock (131 r.), © Pam Walker/Shutterstock (144), © matt benson/unsplash (145), © Mariola Anna S/Shutterstock (150 l.), © Martina Unbehauen/Shutterstock (150 r.), © Cyrustr/Shutterstock (151 l.), © Vipul1989/Shutterstock (151 r.), © Doikanoy/Shutterstock (152 r.), © Menno van der Haven/Shutterstock (153 l.), ©Bubushonok/Shutterstock (154 l.), © Studio Barcelona/Shutterstock (154 r.), © Whiteaster/Shutterstock (155 l.), © Mauro Rodrigues/Shutterstock (155 r.), © Silkspin/Shutterstock (161), © FooTToo/Shutterstock (167), © annie spratt/unsplash (168), © foto.grafs/Shutterstock (169), © laura adai/unsplash (170), © Shebeko/Shutterstock (174), © Sebastian Duda/Shutterstock (176), © marina reich/unsplash (178), © LN team/Shutterstock (180);

Schmuckelemente: © Olga Korneeva/Shutterstock (7, 21, 25, 70, 73, 74, 81, 85, 86, 88, 98, 107, 109, 113, 118, 122, 133, 134, 136, 139, 142, 146, 150, 155, 157, 157, 163, 166, 185, 187), © 32 pixels/Shutterstock (76, 100, 124, 148), © knstartstudio/Shutterstock (90, 114, 138, 162, 184), © NINA IMAGES/Shutterstock (98), © Anastasia Panfilova/Shutterstock (98) © Taash/Shutterstock (161), © Jka/Shutterstock (74);

Hintergründe und Designelemente: © More Images/Shutterstock, © Cute art/Shutterstock, © chocolat-10/Shutterstock, © Martyshova Maria/Shutterstock, © photonova/Shutterstock, © white snow/Shutterstock, © Improviser/Shutterstock, © one AND only/Shutterstock;

Umschlag und Poster: © white snow/Shutterstock, © Yumeee/Shutterstock, © Martyshova Maria/Shutterstock.

ISBN 978-3-7459-3278-2

MIX
Papier | Fördert gute Waldnutzung
FSC® C145070

Gedruckt bei C&C Offset Printing Co., LTD., 14/F, C&C Building, 36 Ting Lai Road, Tai Po, N. T. Hong Kong, China

www.emf-verlag.de